韩国编织大师的复古及北欧风格家居饰物

四季编织

〔韩〕崔贤贞 著

郑丹丹 译

河南科学技术出版社
·郑州·

作者简介

崔贤贞,被喻为韩国具有代表性的手工编织设计师。她擅长以国内外流行趋势为基础,为大众呈现既朴素又时尚的设计风格。她目前在韩国乐天百货商场蚕室分店、江南分店、盆唐分店开设zzaim编织坊,教授趣味手工编织、主题手工编织、胎教DIY等课程。著作有《为了0~5岁孩子,爱的编织》《手工编织DIY时尚针织衫》《电影中的毛衣&针织衫》《令妈妈心动的星宝贝毛衣编织》等。

本书收录了复古及北欧风格的家居用品、时尚饰物、实用包袋等30余款编织作品,质地轻巧,四季皆宜,非常适合作为礼物赠送给亲朋好友。你可以登录网页www.zzaim.com,直接向作者咨询各类编织问题,此外还能买到书中作品的配套材料及心仪的编织作品。

사계절 손뜨개 ©2012 by Choi Hyun Jeong
All rights reserved.
Translation rights arranged by Sigongsa Co., Ltd.
through Shinwon Agency Co., Korea
Simplified Chinese Translation Copyright©2016 by Henan Science & Technology Press Co.,Ltd.

非经书面同意,不得以任何形式任意重制、转载。
著作权合同登记号:图字16-2014-058

图书在版编目(CIP)数据

四季编织:韩国编织大师的复古及北欧风格家居饰物/(韩)崔贤贞著;郑丹丹译.—郑州:河南科学技术出版社,2016.9
 ISBN 978-7-5349-8258-3

Ⅰ.①四… Ⅱ.①崔… ②郑… Ⅲ.①钩针-编织-图集②毛衣针-绒线-编织-图集 Ⅳ.①TS935.52-64

中国版本图书馆CIP数据核字(2016)第192432号

出版发行:河南科学技术出版社
　　　　　地址:郑州市经五路66号　邮编:450002
　　　　　电话:(0371)65737028　65788613
　　　　　网址:www.hnstp.cn
策划编辑:李　洁
责任编辑:孟凡晓
责任校对:窦红英
责任印制:张艳芳
印　　刷:北京盛通印刷股份有限公司
经　　销:全国新华书店
幅面尺寸:190 mm×260 mm　印张:9.5　字数:245千字
版　　次:2016年9月第1版　2016年9月第1次印刷
定　　价:48.00元

如发现印、装质量问题,影响阅读,请与出版社联系并调换。

浸入点滴幸福的小小手工编织礼物

　　这本书的编著对于我来说是充满难度的作业——不要毛衣编织，而是要用钩针、棒针编织出不受季节限制的作品。我在持续研究开发区别于自己以往作品风格的实用而又可爱的多样性的作品。看到自己的创意最终形成作品，虽然无比欣慰，然而研发、制作的过程却是充满曲折的。但最终手捧这本书时，所有绞尽脑汁的辛苦都得到了补偿。

　　如果让我来表达对手工编织的感受，我想说的是"点滴幸福，小巧礼物"。在编织装饰品、首饰、背包等相对较小的作品的过程中，我的脑中时常浮现出诸如"送给谁做礼物好呢？"这样的问题，同时头脑中回想起在我生命中出现的一个又一个人，一件件作品也随之产生。是不是想想就觉得很温馨呢？您不妨也尝试编织小小的玩偶、彩色杯垫、装饰有清新刺绣的魅力包包来分享这份幸福吧。

　　对于一提到编织便联想到厚重、绵软的织物的读者，我还希望传递更多的感动与幸福给他们：手工编织品还可以具备更多的实用性；编织品也能够呈现艳丽夺目的色彩；编织品不仅保持了原有的绵软手感，而且外观不仅不会显得突兀，反而更具干练清爽的美感。

　　在此我还要感谢在本书成书过程中给予我帮助的朋友们，如一起编织作品的琪善、贤珠、美子、惠子、静花、珠妍、宝玲、芝淑、远静老师等，还有充当模特的宝玲、我的女儿智雅，以及时刻给予我鼓励的家人、zzaim的同事们，同时还向所有喜爱我作品的读者们表示真诚的感谢！

崔贤贞

目 录

Lesson 1 编织用线、编织工具 ›› 10
Lesson 2 本书中所用辅助材料、工具 ›› 14
Lesson 3 棒针编织 ›› 16
Lesson 4 钩针编织 ›› 26

家居用品

彩色杯垫
36
制作方法 » p.88

花样刺绣围裙
38
制作方法 » p.89

驼色水杯套
40
制作方法 » p.92

彩虹花盆
41
制作方法 » p.94

北欧风厨房手套
42
制作方法 » p.98

浪漫粉红小地毯
44
制作方法 » p.100

牡丹花抱枕套
46
制作方法 » p.101

彩色针线盒
47
制作方法 » p.102

Part 2
时尚饰物

樱花发夹
50
制作方法 » p.104

棒棒糖发圈
52
制作方法 » p.105

甜美花球发圈
54
制作方法 » p.106

小星星饰针
56
制作方法 » p.107

马卡龙钥匙圈
57
制作方法 » p.108

玩偶饰针
58
制作方法 » p.110

心形、玫瑰项链
60
制作方法 » p.112

**焦糖色迷你包
黑色迷你包**
62
制作方法 » p.114、p.115

泡泡钥匙圈
63
制作方法 » p.116

迷你手机套
64
制作方法 » p.117

樱桃铅笔袋
65
制作方法 » p.118

我的朋友泰迪
66
制作方法 » p.120

Part 3 实用包袋

环保袋
70
制作方法 » p.129

复古大包
71
制作方法 » p.132

绿色购物包
72
制作方法 » p.135

印第安粉十字包
74
制作方法 » p.137

清新蕾丝袋
76
制作方法 » p.139

小花朵斜挎包
78
制作方法 » p.141

花饰手包
80
制作方法 » p.143

机器人平板电脑保护袋
81
制作方法 » p.145

黄色海边小挎包和遮阳帽
82
制作方法 » p.147

小兔子手提包
84
制作方法 » p.150

Lesson 1 编织用线、编织工具

A 编织用线

1 亚麻纱线
这种亚麻纱线虽然手感比较硬,但透气性好,适合编织夏季的开衫、包包等。比毛线和棉线洗涤方便。

2 细棉纱线
适合用3~3.5mm的棒针编织。质地柔和,手感好,色泽艳丽,适合编织丰富多彩的小型作品。

3 粗棉纱线
适合用5~6mm的粗棒针编织小地毯、抱枕套、垫子等厚而松软的作品。虽然比较粗,但摸起来并不粗糙,适合给孩子编织冬季毛衣。

4 丝光棉纱线
丝与棉线混纺的线,具有丝绸般的光泽。穿上用这种线编织的夏季马甲、连衣裙,自然贴身,更显瘦削身材。

5 美利奴羊毛线
质地柔和的羊毛线保暖性好,适合编织冬季围巾、手套、衣服等。不同种类的线含毛量不同,一般含毛量高的线质地更柔软。

1 金银绣花线
内含亮线,富有光泽,当需要为作品注入亮点、凸显效果时可以使用。

2 各种绣花线
线比较短,色泽丰富而柔和,当刺绣或编织小型图案时适合使用。

3 麻纱线
也被称作麻绳、麻纱,质地为100%纯麻,也被作为打结线使用。质感较硬无伸缩性,适合编织包包。这种线比较结实,利于塑形。

4 人造丝线
主要用于编织包包或帽子,质地为100%人造丝纤维。

B 编织工具

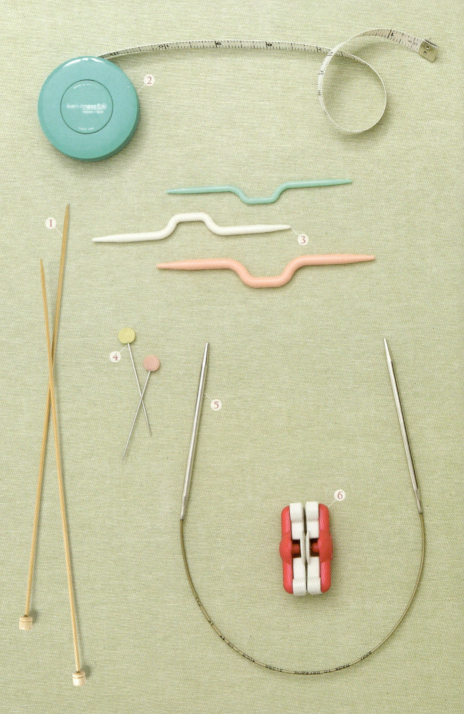

① 棒针
多为木制棒针,编织用棒针往往选择比毛线稍粗的型号。最常用的是3~5mm粗细的棒针。编织身片等平面织物时,常选用一端有小球堵起来的棒针;编织帽子等圆筒状织物时,选择两端都是尖头的棒针更方便。

② 卷尺
用于测量织物的整体尺寸或部分尺寸的基本工具。

③ 麻花针
棒针编织中需要编织麻花花样时常使用的工具,中间部分像弓一样弯曲,能有效防止线圈脱落。进行交叉编织扭转线圈时非常便利。

④ 珠针
缝合侧边时,对齐后先用珠针固定再连接,能够防止织片乱跑,缝合时更加便利。

⑤ 环形针(40cm长)
用塑料线将两根棒针连接而成,能有效避免脱针。这款属于较短的环形针,适合编织周长短的部位或圆形帽子。

⑥ 迷你绕线器
便于缠绕出线团的工具,即使是较短的线头也可以方便地绕成团。

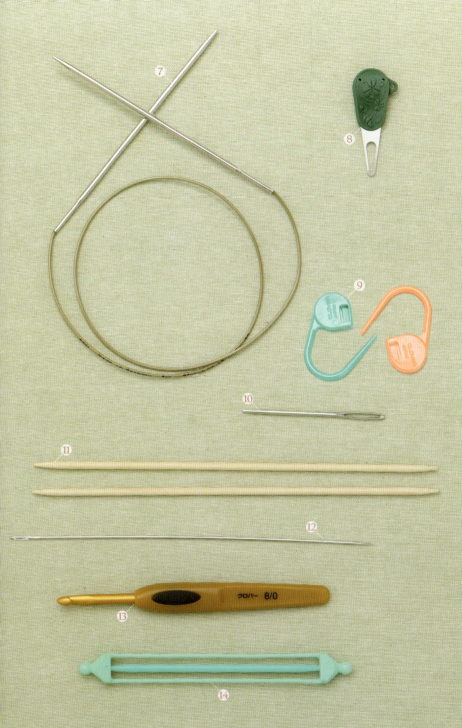

7 环形针（80cm长）
用塑料线将两根棒针连接而成，能有效避免脱针。这款属于较长的环形针。

8 穿线器
金尾针的针孔比较小，利用穿线器能够便利地穿线。

9 记数环
标记行数和针数的工具。编织过程中，在行数、针数发生变化的部位别上记数环，可以避免反复数行数和针数的麻烦。

10 金尾针
在缝合织片、织物收边或刺绣时均可使用。

11 手套棒针
编织小型织物时使用，四根棒针为一组，在编织手套、帽子等圆筒状织物时使用。

12 玩偶针
比较长且不易弯折，在缝合玩偶的眼睛、胳膊、腿等部位时适合使用。

13 钩针
与棒针相同，根据线的粗细选择钩针的型号。一般分为普通毛线用钩针和花边用钩针两种，毛线用钩针的号数越大钩针越粗；花边用钩针则相反。

14 防脱别针
在编织过程中，可以用来固定待织线圈，防止脱线。

本书中所用辅助材料、工具

水消笔

拉链

布艺花布

闪光饰片

珠子

蕾丝花边

透明橡皮筋

铁丝

各种缎带

填充棉

钳子剪

钥匙圈

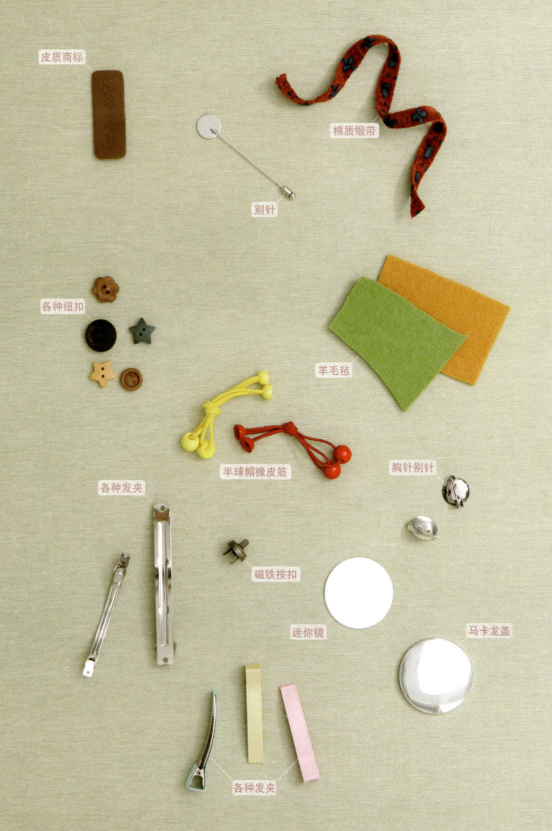

Lesson 3 棒针编织

Step 1 起针的方法

a 起基本针的方法 这是最基本的起针方法。初学者容易掌握。

❶ 将毛线圈一个圆圈。

❷ 从圆圈内拉出毛线。

❸ 如图拉出一个线圈,并在左手拇指和食指上缠绕毛线。

❹ 将棒针插入线圈并拉紧线圈。

❺ 依照箭头指示将毛线绕到棒针上。

❻ 在拉出绕在食指上的毛线的同时,放开绕在拇指上的毛线。

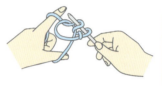

❼ 重新在拇指上缠绕毛线,并拉紧棒针上新形成的线圈。重复步骤5~7。

完成后的外侧图样

完成后的内侧图样

b 环形编织起针的方法 用4根棒针编织帽子、手套等圆筒状织物时起针的方法。

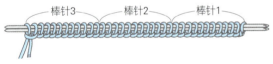

❶ 根据需要的针数起基本针。

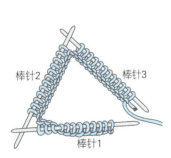

❷ 将线圈三等分后移到3根棒针上。

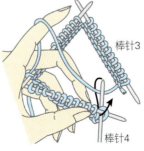

❸ 将针目朝向外侧,用第4根棒针插入第1针内开始编织,依次循环编织即可成圆筒形。

经常使用的基本编织方法及编织符号

a 上下针编织&起伏针编织

上下针编织
即平针编织,是最基本的编织方法。片织时,外侧一面编织下针,内侧一面编织上针;环形编织时则全部编织下针。

起伏针编织
片织时,外侧一面编织下针,内侧一面也只编织下针;环形编织时,则一圈下针、一圈上针交替编织。

b 经常使用的编织符号及完成图样

| 下针

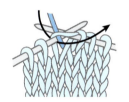
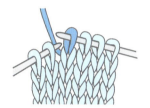

❶ 依照箭头方向将右侧棒针插入左侧棒针的后侧。(左针在右针上面,左针压右针。)

❷ 在右侧棒针上向内挂线后,依照箭头方向慢慢抽出右针,将挂线引出并使线圈脱离左针。

❸ 下针完成后的图样。

— 上针

❶ 依照箭头方向将右侧棒针插入左侧棒针的前侧。(左针在右针下面,右针压左针。)

❷ 在右侧棒针上缠绕挂线之后,依照箭头方向慢慢抽出右针,将挂线引出并使线圈脱离左针。

❸ 上针完成后的图样。

⋋ 右上2针并1针

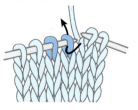
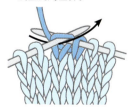
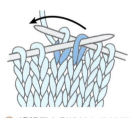

❶ 将需要并针的针目直接移至右侧棒针上。

❷ 保持步骤1的状态,下一针织下针。

❸ 将移至右侧棒针上的针目依照箭头方向套在刚织好的下针上即可。

人 左上2针并1针

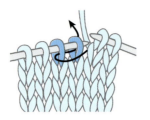 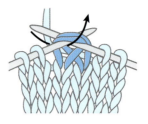 

① 将右侧棒针依照箭头方向插入左侧2针中。　② 2针一同织下针。　③ 完成后的图样。

● 收针

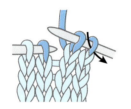  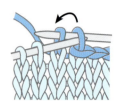

① 将左侧棒针依照箭头所示插入右侧2针下针中的右侧1针中。　② 依照箭头方向，用左侧棒针将此针下针挑至旁边的下针上，套到它上面成为1针。　③ 下一针织下针后，用左侧棒针同法挑针，依此反复收针。

○ 镂空针（编织孔）

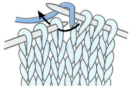 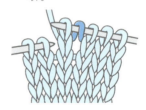 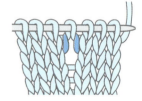

① 在右侧棒针上挂线，依照箭头方向将右侧棒针插入左侧棒针的后侧。　② 挂线织下针。　③ 依次织下针。

木 中上3针并1针

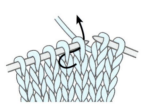 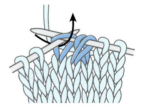 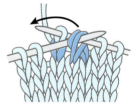

① 空出2针不织，依照箭头方向将其直接移至右侧棒针上。　② 第3针织下针。　③ 将直接移针的2针依照箭头方向套到刚织好的下针上即可。

⧖ 右上1针交叉

❶ 第1针下针暂不编织，先织下一针，依照箭头方向将下一针上针从第1针下针的后侧挑出。
❷ 缠绕挂线织上针。
❸ 接着把先前未织的第1针下针织下针，使已织过上针的第2针的余线同时从左侧棒针脱落。
❹ 完成后的图样。

⧖ 左上1针交叉

❶ 第1针上针暂不编织，先织下一针，将右侧棒针依照箭头方向插入第2针下针内。
❷ 挂线织下针。
❸ 接着把先前未织的第1针上针织上针，使已织过下针的第2针的余线同时从左侧棒针脱落。
❹ 完成后的图样。

右上2针和1针交叉

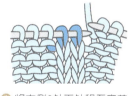   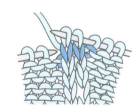

❶ 将左侧2针下针移至麻花针上，放置于织片前侧。
❷ 接着编织1针上针。
❸ 将移至麻花针上的针目依次织下针。
❹ 交叉后的图样。

左上2针和1针交叉

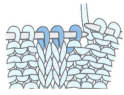 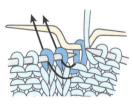  

❶ 将左侧第1针上针移至麻花针上，放置于织片后侧。
❷ 第2、3针先织下针。
❸ 将移至麻花针上的针目织上针。
❹ 交叉后的图样。

右上2针交叉（2:2麻花编织）

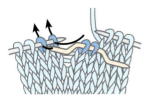
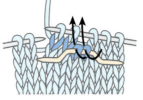
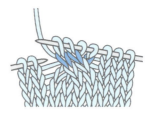

① 将左侧前2针移至麻花针上，放置于织片前侧。接下来的2针依次织下针。

② 将移至麻花针上的2针依次织下针。

③ 交叉后的图样。

左上2针交叉（2:2麻花编织）

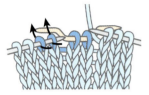
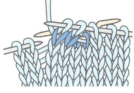
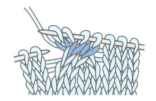

① 将左侧前2针移至麻花针上，放置于织片后侧。接下来的2针依次织下针。

② 将移至麻花针上的2针依次织下针。

③ 交叉后的图样。

Step 3 加针和减针的方法

 加针

右加针·左加针（下针编织）

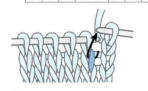

① 编织1针下针。然后依照箭头所示，将右侧棒针从左侧棒针下面一行的针目中插入。

② 将线挑起后，编织下针。

③ 左侧棒针上的针目继续织下针。

④ 加针后的图样。

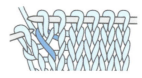

⑤ 左侧棒针上倒数第2针织下针后，从其下方2行处的针目中依照箭头所示插入右侧棒针。

⑥ 使用右侧棒针将线挑起后挪到左侧棒针上织下针。

⑦ 加针后的图样。

右加针·左加针（上针编织）

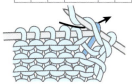 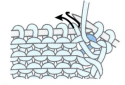  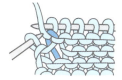

① 第1针织上针后，第2针织上针前，先挑起其下面一行的针目织上针。
② 左侧棒针上的第2针继续织上针。
③ 左侧棒针上倒数第2针织上针后，挑起其下方2行处的针目织上针。
④ 加针后的图样。

扭针加针（下针编织）

 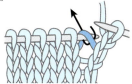 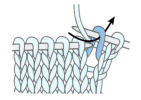 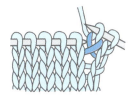

① 第1针织下针后，如图将针目与针目之间横向的线挑起。
② 挂在左侧棒针上，再依照箭头所示插入右针。
③ 如图进行扭针编织。
④ 扭针编织完成后的加针图样。

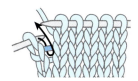   

⑤ 左侧棒针上倒数第2针织完后，如图挑起针目与针目之间横向的线。
⑥ 挂在左侧棒针上，再依照箭头所示插入右针。
⑦ 如图进行扭针编织。
⑧ 扭针编织完成后的加针图样。

扭针加针（上针编织）

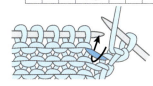   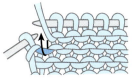

① 第1针织上针后，如图挑起针目与针目之间横向的线。
② 挂在左侧棒针上，再依照箭头所示插入右针，进行扭针编织。
③ 扭针编织完成后的加针图样。
④ 左侧棒针上倒数第2针织完后，如图挑起针目与针目之间横向的线。

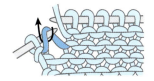 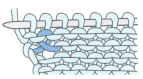

⑤ 挂在左侧棒针上，再依照箭头所示插入右针，进行扭针编织。
⑥ 扭针编织完成后的加针图样。

扭针加针（2针以上加针） 　　　　　　　　　　　　　　　锁针加针

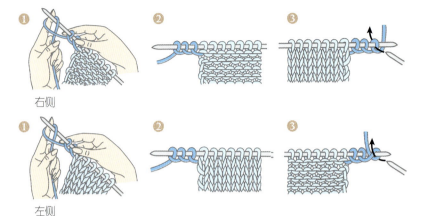
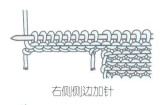

右侧侧边加针

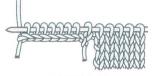

左侧侧边加针

右侧

左侧

❶ 用手指编出线圈。
❷ 如图将线圈缠绕在右侧棒针上。
❸ 加针后的图样。

使用钩针另线加针，先根据需要加针的针数编织锁针。锁针编织好后依照顺序起针。

b 减针

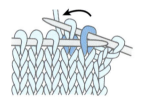 　右减针・左减针（下针编织）

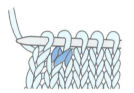

❶ 第1针织下针，第2针不织，直接移至右侧棒针上，第3针织下针后，将未织的第2针依照箭头方向套到第3针上。
❷ 右减针后的图样。
❸ 一直织下针，直至剩下最后3针，2针并针织下针，最后1针织下针。
❹ 左减针后的图样。

 　右减针・左减针（上针编织）

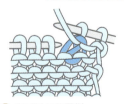

❶ 第1针织上针，第2针和第3针上针变换位置的同时并针织上针。
❷ 右减针后的图样。
❸ 一直织上针，直至剩下最后3针，2针并针织上针，最后1针织上针。
❹ 左减针后的图样。

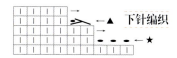

下针编织

① 织2针下针。

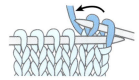

② 如图将左侧棒针从织好的第1针下方插入，依照箭头方向将第1针套到织好的第2针上。

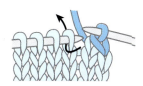

③ 第3针织下针。再依照相同方法挑成1针。

④ 3针收针的图样（★）。

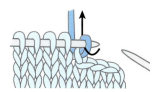

⑤ 第1针不织，直接移至右侧棒针上。

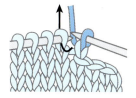

⑥ 第2针织下针。

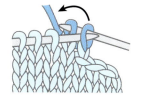

⑦ 依照箭头方向将未织的第1针套到第2针上。

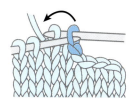

⑧ 依照相同方法，下一针织下针后再套针。

⑨ 2针收针的图样（▲）。

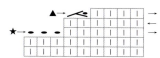

上针编织

① 织2针上针。

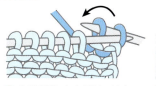

② 依照箭头方向将第1针套到第2针上。

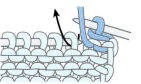

③ 第3针织上针。再依照相同方法套成1针。

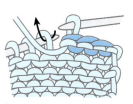

④ 3针收针的图样（★）。

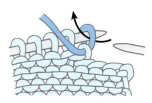

⑤ 第1针不织，直接移至右侧棒针上。

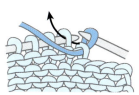

⑥ 第2针织上针。

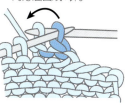

⑦ 依照箭头方向将未织的第1针套到第2针上。下一针织上针后再同样套成1针。

⑧ 2针收针的图样（▲）。

Step 4 收边的方法

a 用棒针收边

下针收边

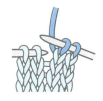   

❶ 第1针和第2针织下针。　　❷ 依照箭头方向将第1针套到第2针上。　　❸ 下一针织下针后，反复进行套针，直至最后一针。　　❹ 将毛线从最后一针中拉出。

上针收边

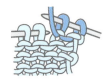 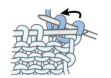  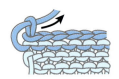

❶ 第1针和第2针织上针。　　❷ 依照箭头方向将第1针套到第2针上。　　❸ 下一针织上针后，反复进行套针，直至最后一针。　　❹ 将毛线从最后一针中拉出。

b 钉缝的方法

所谓钉缝，是将2块织片的针目与针目缝合，或将2块织片的针目与行缝合。

上下针钉缝1

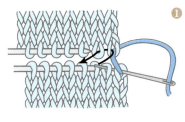

❶ 金尾针由后向前从下侧织片第1针穿出，再由前往后穿入上侧织片第1针。接下来，针穿起下侧织片第1针和第2针，再依照箭头所示，穿起上侧织片第1针和第2针。

上下针钉缝2

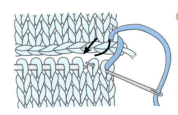

❶ 金尾针由后向前从下侧织片第1针穿出，再如图绕到上侧织片收针行上方的针目后穿出，拉紧缝线。接下来，针穿起下侧织片第1针和第2针，再依照箭头所示，绕到上侧织片收针行上方的针目后穿出，拉紧缝线。

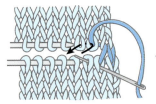 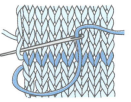 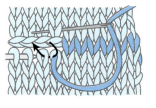 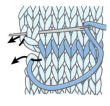

❷ 针穿起下侧织片第2针和第3针，再依照箭头所示，穿起上侧织片第2针和第3针。　　❸ 如此反复穿过2针进行连接，最后将针插入上侧织片最后半针收尾即可。　　❷ 反复进行同样的操作。　　❸ 针由前往后穿入下侧织片最后1针，同样绕到上侧织片收针行上方的针目后穿出，最后把针插入上侧织片最后半针收尾即可。

[接缝的方法] 所谓接缝，是将2块织片的行与行缝合。

上下针接缝

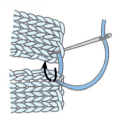 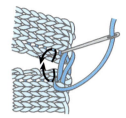 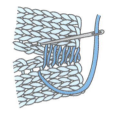

① 用金尾针如图所示开始2块织片的接缝。

② 依照箭头所示，逐行穿起2块织片距离端头1针内侧的横向线，并拉紧缝线。

③ 重复步骤2即可。

反上下针*接缝

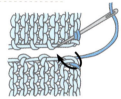 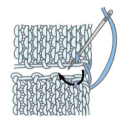 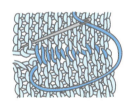

① 用金尾针如图所示开始2块织片的接缝。

② 依照箭头所示，逐行穿起2块织片距离端头1针凸起的线。

③ 一边交替穿针，一边收紧缝线，直至缝线不明显。

起伏针接缝

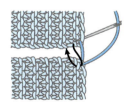 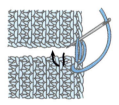 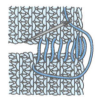

① 用金尾针如图所示开始2块织片的接缝。

② 依照箭头所示，隔行穿起2块织片距离端头1针凸起的线，并拉紧缝线。

③ 重复步骤2即可。

*反上下针：即平针的反面，与上下针编织相反。片织时，外侧一面编织上针，内侧一面编织下针；环形编织时则全部编织上针。

钩针编织

Step 1 起针的方法

a 起基本针的方法

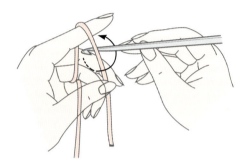

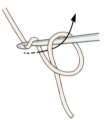
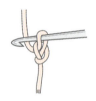

❶ 依照箭头方向将毛线在钩针上缠绕一圈。

❷ 毛线缠绕好的图样。

❸ 在钩针上挂线后,依照箭头方向将挂线从线圈中引出。

❹ 这就是起针后的图样,由于这一针是基本针,所以不包含在基础针数当中。

b 锁针起针的方法

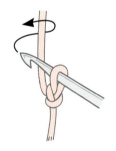
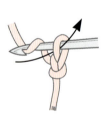
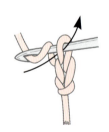

❶ 先在钩针上起基本针。

❷ 在钩针上挂线。

❸ 依照箭头方向将挂线引出。

❹ 重复步骤2、3,在同一方向依照需要的针数编织锁针。

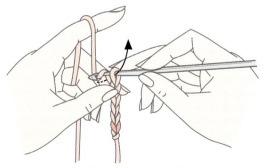

手持钩针和毛线的方法

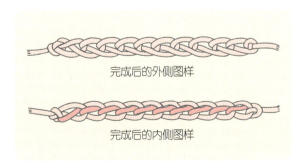

完成后的外侧图样

完成后的内侧图样

C [环形起针的方法]

这是适用于从中心开始环形编织花样时的起针方法。

方法A

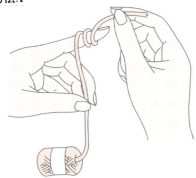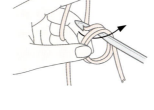

❶ 将毛线在左手食指上绕2圈形成环。

❷ 将环从手指上脱出,并将钩针插入环中,在钩针上挂线后,将线从环中引出。

❸ 再次在钩针上挂线后,依照箭头方向将挂线从钩针上的线圈中引出。

❹ 完成后的图样。

方法B

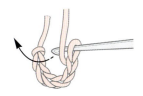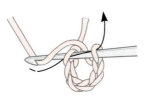

❶ 先起基本针,然后根据所需针数编织锁针。

❷ 在第1针锁针的半针处插入钩针。依照箭头方向将挂线从钩针上2个线圈中引出。

❸ 完成后的图样。

Step 2 编织符号和编织方法

○ 锁针

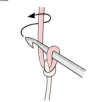

① 先起基本针。　② 在钩针上挂线,依照箭头方向引出挂线。　③ 重复步骤2。　④ 完成3针锁针的图样。

＋ × 短针

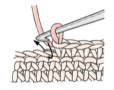 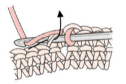 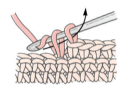 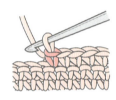

① 从前一行的针目中插入钩针。　② 在钩针上挂线,依照箭头方向引出挂线。　③ 再次在钩针上挂线,依照箭头方向从钩针上2个线圈中引出挂线。　④ 短针完成后的图样。

T 中长针

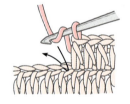 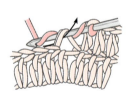 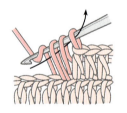 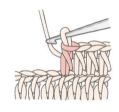

① 先在钩针上挂线,再从前一行的针目中入针。　② 在钩针上挂线后引出。　③ 再次挂线后,从钩针上3个线圈中引出挂线。　④ 中长针完成后的图样。

T 长针

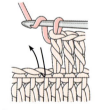 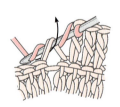 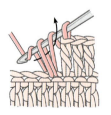 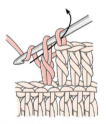

① 先在钩针上挂线,再从前一行的针目中入针。　② 在钩针上挂线后引出。　③ 再次挂线后,仅从钩针上2个线圈中引出挂线(称为未完成的长针)。　④ 再次挂线,从钩针上剩余的2个线圈中引出挂线。

长长针

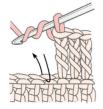 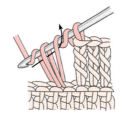 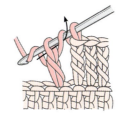 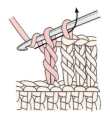

❶ 在钩针上绕线2圈，再从前一行的针目中入针，挂线后引出。

❷ 再次挂线后，仅从钩针上2个线圈中引出挂线。

❸ 再次挂线后，从钩针上2个线圈中引出挂线。

❹ 再次挂线后，从钩针上剩余的2个线圈中引出挂线。

反短针

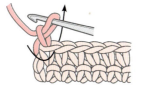 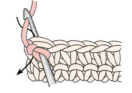 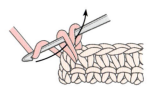

❶ 与短针编织方向相反，从左向右编织。扭转钩针尾部，依照箭头方向从前侧将钩针插入前一行的头针2根线中。

❷ 在钩针上挂线后，依照箭头方向引出挂线。

❸ 再次挂线后，从钩针上2个线圈中引出挂线。

 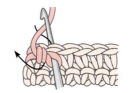 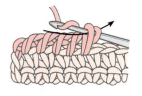

❹ 1针反短针完成后的图样。

❺ 再次扭转钩针尾部，从前侧将钩针插入下一个针目的头针2根线中，在钩针上挂线后，依照箭头方向引出挂线。

❻ 依照相同方法继续编织。

短针的菱形针

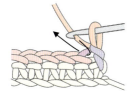 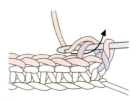  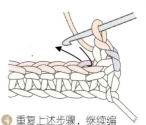

❶ 依照箭头方向从前一行针目外侧的半针中入针。

❷ 在钩针上挂线后引出。

❸ 再次挂线后，从钩针上2个线圈中引出挂线。

❹ 重复上述步骤，继续编织。

29

短针的反拉针

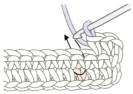 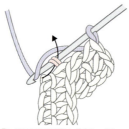 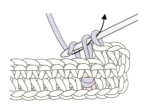 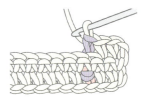

① 按照箭头所示,从前一行针目的尾针处从后向前插入钩针,再从后引出钩针。

② 如图拉到织片的另一面,在钩针上挂线后依照箭头方向引出挂线。

③ 再次挂线后,从钩针上2个线圈中引出挂线。

④ 短针的反拉针完成后的图样。

 短针的正拉针

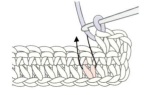 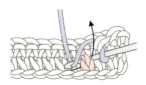 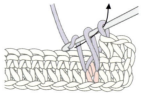 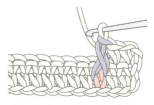

① 按照箭头所示,从前一行针目的尾针处从前向后插入钩针,再从前引出钩针。

② 在钩针上挂线,将线拉得稍长一点,依照箭头方向引出挂线。

③ 再次挂线后,从钩针上2个线圈中引出挂线。

④ 短针的正拉针完成后的图样。

 中长针3针的枣形针

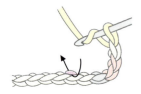 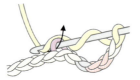 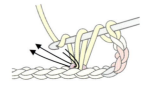 

① 先在钩针上挂线,再从前一行锁针的里山中入针。

② 在钩针上挂线后,依照箭头方向引出挂线。

③ 在同一里山中,再重复2次步骤1、2。

④ 再次挂线后,从钩针上7个线圈中一起引出挂线。

 长针3针的枣形针

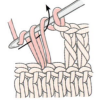 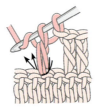 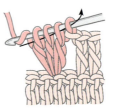 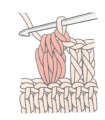

① 先在钩针上挂线,再从前一行的针目中入针,在钩针上挂线后引出挂线。再次挂线后,从钩针上2个线圈中引出挂线。

② 在同一针目中再重复2次步骤1。

③ 在钩针上挂线后,从钩针上4个线圈中一起引出挂线。

④ 长针3针的枣形针完成后的图样。

长针5针的爆米花针

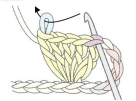

① 在前一行锁针的同一个里山中编织5针长针,暂时脱针,再依照箭头所示重新入针。

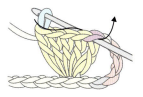

② 依照箭头方向将线圈直接引拔穿出。

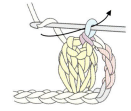

③ 再编织1针锁针。

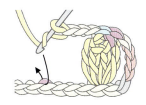

④ 长针5针的爆米花针完成后的图样。

短针2针并1针

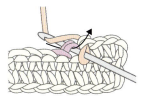

① 从前一行的针目中入针,挂线后依照箭头方向引出挂线。

② 再从下一个针目中入针。

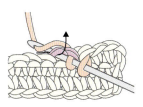

③ 在钩针上挂线后引出挂线。

④ 引出后的状态。

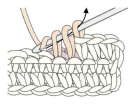

⑤ 再次挂线后,从钩针上3个线圈中一起引出挂线。

⑥ 短针2针并1针完成后的图样。

短针3针并1针

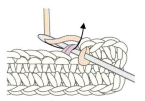

① 从前一行的针目中入针,挂线后依照箭头方向引出挂线。

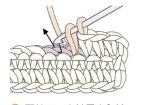

② 再从下一个针目中入针。

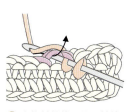

③ 在钩针挂线后引出挂线。

④ 再从接下来的1个针目中入针,挂线后引出挂线。

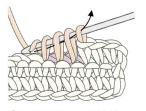

⑤ 再次挂线后,从钩针上4个线圈中一起引出挂线。

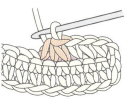

⑥ 短针3针并1针完成后的图样。

短针1针放2针

① 编织1针短针。

② 在同一针目中再次入针,挂线后依照箭头方向引出挂线。

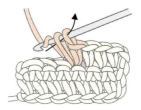
③ 再次挂线后,从钩针上2个线圈中引出挂线。

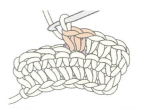
④ 短针1针放2针完成后的图样。

 短针1针放3针

① 编织1针短针。

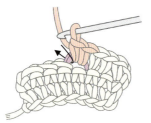
② 在同一针目中再编织1针短针。

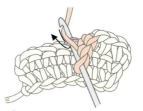
③ 在同一针目中再次入针,挂线后依照箭头方向引出毛线,再次挂针后,从钩针上2个线圈中引出毛线。

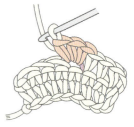
④ 短针1针放3针完成后的图样。

 长针2针并1针

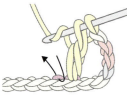
① 在前一行锁针的里山中编织1针未完成的长针,挂线后依照箭头方向在下一个里山中入针,再次挂线后引出。

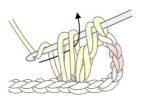
② 在钩针上挂线后,从钩针上2个线圈中引出挂线,编织第2针未完成的长针。

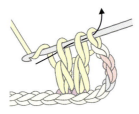
③ 再次挂线后,从钩针上3个线圈中一起引出挂线。

④ 长针2针并1针完成后的图样。

 长针1针放2针

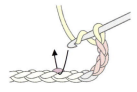
① 在钩针上挂线后,从前一行锁针的里山中入针。

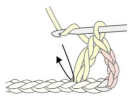
② 编织1针长针。在钩针上挂线后从同一个里山中入针,再次挂线后引出。

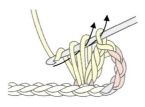
③ 在钩针上挂线,从钩针上2个线圈中引出挂线。再次挂线后,从钩针上剩余的2个线圈中一起引出挂线。

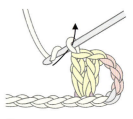
④ 长针1针放2针完成后的图样。

配色时换线的方法

[按照图解换线的情况]

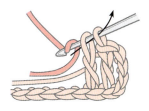
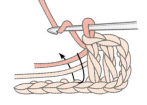
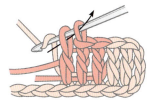

❶ 在编织第2针长针(即进行配色之前的1针)、钩针引出最后2个线圈之前更换毛线颜色(此时钩针上挂配色线)。

❷ 从未完成的长针中引出配色线。将原线和配色线并在一起,编织3针长针。

❸ 在更换回原线之前进行同样的操作。

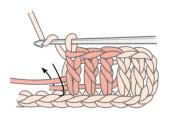
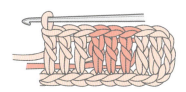

❹ 将原线引出。

❺ 完成配色的图样。

拼接花样的方法

[a 并针接连顶点]

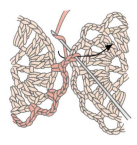

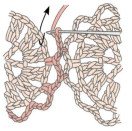

❶ 将1片花样编织好,在编织另一片花样最后1圈并准备连接前,编织2针锁针。在第1片花样需要连接的位置下方插入钩针,挂线后引出,再继续编织即可。

❷ 使用相同方法一边连接花样一边完成编织。

[b 边部接缝]

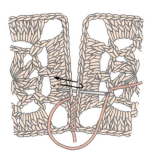

正方形花样都编织好后,金尾针穿上线,穿起需要连接的两个面上的锁针各半针,进行边部接缝即可。

Part 1

家居用品

彩色杯垫

海军蓝色、紫色、粉色、米色……
待客时,这些多彩多姿的杯垫,无论是铺垫在茶杯下面,还是放在盛装点心的碟子中,都无比可爱;只是放在托盘中做装饰,也非常惹人喜爱。

制作方法 ›› p.88

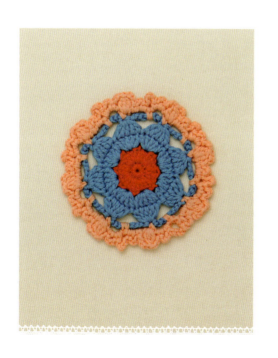

花样刺绣围裙

选取颜色清爽的麻纱线编织的这款围裙,设计看似简单,却能令人眼前一亮。穿在身上,不仅特别服帖,而且触感非常柔软,它将给你的料理时间带来更多愉悦。
粉色系清新淡雅的花样刺绣起到画龙点睛的作用。

制作方法 » p.89

与颜色鲜亮的厨房手套搭配使用吧!

制作方法 ›› p.92

驼色水杯套

炎炎夏日,您是否经常随身携带清爽无比的加冰饮用水来消暑呢?
如果有这样一款用钩针编织的花样细密的水杯套,水杯携带起来会更加方便。
搭配褐黄色的缎带和木质纽扣,尽情演绎古典风情吧。

彩虹花盆

用颜色多样的毛线搭配编织的花盆，
非常适合放在卧室的床头柜上或书房的书桌上。
编织多姿多彩的花朵没有想象中那么复杂，即使是初学者也能够编织出来。

制作方法 >> p.94

内侧加缝铺棉和里布,即可变身为烤箱手套!

制作方法 >> p.98

北欧风厨房手套

祖母绿色基底上搭配鲜艳夺目的玫瑰花图案,
仅仅是挂起来也能给人带来蓬勃的朝气。
挂在厨房中,瞬间令人仿佛置身于斯堪的纳维亚半岛上。
织一对戴在手上,握住滚烫的锅的手柄时便无须担心了。

浪漫粉红小地毯

花朵图案的粉红色小地毯,无论搭配何种材质和颜色的地板都十分协调。
搭配北欧风格的木制地板、时尚的白色地板,都能演绎出温馨的家居风格。
当你想改变家居风格时,不妨尝试一下。

制作方法 ›› p.100

一片小地毯,瞬间改变居家风格!

牡丹花抱枕套

花样稀疏的白色抱枕套，其亮点在于正中的花朵。
由于花朵外形类似于绽放的牡丹花，因此取名为牡丹花抱枕套。
用这款抱枕套包裹住色彩艳丽的抱枕，
一款简洁、大方的家居装饰品便顺利诞生啰！

制作方法 >> p.101

彩色针线盒

喜爱编织、刺绣、拼布等手工的朋友，
家中一定布满了琐碎的工具、材料。
如果多编织几个彩色针线盒，
便可以轻而易举地将这些物件收纳起来。

制作方法 >> p.102

Part 2
时尚饰物

樱花发夹

阳光明媚的春日,最适合将这枚发夹轻巧地装饰在柔顺光亮的长发上。
只需将五彩缤纷的绣花线编织成樱花图案,再固定在发夹上即可。
将花样编织得更大些,便可制作成发圈。

制作方法 ›› p.104

棒棒糖发圈

这款发圈是否会令您联想到色彩斑斓的彩虹棒棒糖呢？
将可爱的小姑娘的头发梳成两个辫子或编成一个辫子，再搭配上这款发圈，别提多可爱了！
由于色彩鲜艳，这款发圈深受小姑娘们的喜爱。

制作方法 >> p.105

制作方法 >> p.106

甜美花球发圈

在炎炎夏日，戴上这款甜美花球发圈能给人带来清凉之感。
一家人去近郊郊游时，用它为孩子扎起一个可爱的马尾辫，让她们玩得开心尽兴吧。

小星星饰针

无论是华丽的还是怀旧的外衣、牛仔装或者复古包上,都适合搭配这款小星星饰针。

选择与服装式样协调的色彩,只要一枚饰针,就能够让您光彩夺目。

这款饰针不仅适合成人,也适合儿童佩戴。

制作方法 ›› p.107

马卡龙钥匙圈

圆圆的马卡龙钥匙圈不仅小巧可爱，而且用途多样。
既可以挂上家门钥匙，也可以佩挂汽车钥匙；
中间的拉链拉开后，里面是一面小小的镜子。
当然，里面还可以放进去圆滚滚的硬币哦。

制作方法 ›› p.108

玩偶饰针

这款饰针非常适合装饰在无花纹的包包上。
小动物造型是用棒针编织而成的,
更显得蓬松、温暖。
不妨在孩子的书包上装点一枚玩偶饰针哦。

制作方法 >> p.110

心形、玫瑰项链

身着白色衣裙的孩子佩戴一款色彩艳丽的项链，着实有锦上添花的效果。
你只需要穿起一串彩虹珠子项链，再加上亲手编织的心形或玫瑰项坠即可完成。
熟悉项坠的编织方法后，你还可以设计出更多图案。

制作方法 >> p.112

焦糖色迷你包
黑色迷你包

简单的外出,如果搭配正式的服装和包包,会显得过于庄重,那么此时最实用的莫过于能够装下钱包、手机、钥匙、简易便签的迷你包了。
现在就来编织任何节日都能够随意携带的迷你包吧。

制作方法» p.114、p.115

除去钥匙环和平底鞋装饰，即可变身为小女孩儿喜欢的手链！

制作方法 ›› p.116

泡泡钥匙圈

将编织好的各色迷你小球相互连接组合成这款钥匙圈。
用闪闪发光的金银绣花线编织成的平底鞋装饰，令原本质朴的
钥匙圈变得华丽无比。
像手链一样戴在手腕上，再也不用担心丢失钥匙了。

迷你手机套

近年来，即使是小学生，也几乎人手一部手机。
如果将手机直接放在双肩书包中，可能电话响了也不能及时接听，那就为孩子准备一款迷你手机套吧。
将孩子的手机装进加了肩带的小小手机套中，孩子背上它，再加上双肩书包，孩子去上学的用品就一应俱全了。

制作方法 >> p.117

樱桃铅笔袋

铅笔袋侧面的华丽图案与中间的草莓装饰着实引人注目。
用毛织品专用洗涤剂清洗过后,色彩更艳丽,使用时间也更长。
如果给孩子编织铅笔袋,不妨让孩子亲自挑选喜爱的色彩。

制作方法 ›› p.118

孩子辗转反侧难以入睡时,将泰迪放在他的身边,为他读本童话书吧!

制作方法 ›› p.120

我的朋友泰迪

基本上每个孩子房中都会有一只小熊玩偶——泰迪。
编织过程中添加了丰富的图案和花纹,精巧别致,
能够带给孩子无限温暖与幸福,让它长久地陪伴在孩子身边吧!

实用包袋

环保袋

边角圆滑、特能装东西的环保袋上,用钩针编织的花样与若隐若现的内衬布交相辉映。
由于风格自然清新,因此取名为环保袋。
使用麻纱线编织而成,十分适合作为夏季背包使用。

制作方法 ›› p.129

复古大包

方格、麻花、菱形等多种图案组合成这款扁扁方方的大提包。风格像极了电影《交响情人梦》中主人公时常提着的那款包包。制作好后,采用复古布贴标进行装饰即可。

制作方法 >> p.132

制作方法 >> p.135

绿色购物包

这款包包即使搭配街头时尚服饰,也绝不会降低你的格调。
将边角进行菱形折边处理,搭配窄细的肩带,无论是搭配正装,还是搭配休闲装,都非常别致出彩。

印第安粉十字包

皮革、花朵图案和内衬,形成了完美组合,
这款仿佛经过阳光的照射而略微褪色的复古十字包,
给人一种相处已久的亲近感。
非常适合搭配复古风或爱尔兰风服饰。

制作方法 >> p.137

清新蕾丝袋

用纯净的象牙色线编织蕾丝花样,
搭配亚麻布内衬,制作成独一无二的蕾丝袋。
用袋口处的松紧绳系出美丽的蝴蝶结,更为其增添一抹亮丽。
用来搭配轻盈的连衣裙或连体裤、袋装裤吧。

制作方法 ›› p.139

用这款包包彰显你可爱、玲珑的气质吧!

制作方法 » p.141

小花朵斜挎包

这是一款点缀有深褐色凸起花朵图案的可爱斜挎包。
编织成麻花花样的肩带彰显了独特的魅力。
与色彩艳丽、风格突出的服饰相比,
更适合搭配白色衬衫、牛仔裤或者纯色连衣裙等基本
款服饰。

制作方法 >> p.143

花饰手包

用能带给人清爽美感的麻纱线编织而成，
这款颜色清淡宜人的花饰手包适合四季携带，
特别适合作化妆包。
花朵图案和蕾丝提带更是演绎出了经典、优雅的风情。

机器人平板电脑保护袋

放进书包太占地方,拿在手上又显得笨拙的平板电脑,不如放进这款有美丽花纹与可爱图案装点的保护袋中。选择自己喜爱的颜色的线,来编织这款令人百看不厌的袋子吧。

制作方法 » p.145

黄色海边小挎包和遮阳帽

一家人去海边游玩时,
不要忘了小公主专属的小挎包和遮阳帽哦。
背上用鲜艳的黄色人造丝线编织的小挎包,
戴上可爱的带有帽檐的遮阳帽,
孩子看起来更加惹人喜爱了。

制作方法 ›› p.147

83

小兔子手提包

用不同颜色的线交替编织而成的手提包,
作为盛装孩子学习用品的辅助书包再合适不过了。
您也可以选择孩子喜爱的动物图案代替中间的小兔子图案。

绘画本、彩色铅笔、水彩统统收进包中!

制作方法 >> p.150

son Vivaldi
Ke CARMEN

制作方法

彩色杯垫

材料
各色棉纱线各少许
针 钩针6/0号
尺寸 径长11~11.5cm

制作方法
将各色棉纱线搭配好后，使用6/0号钩针，依照图解编织自己喜欢的花样即可。

花样刺绣围裙

材料
象牙色麻纱线250g，粉色、浅橘黄色、绿色绣花线各少许
针 钩针2/0号
尺寸 82cm×68cm
测量尺寸 10cm×10cm范围内，花样编织45针×12.5行

制作方法

1. 用2/0号钩针和象牙色麻纱线起361针锁针，编织59行花样后进行减针，然后再织24行花样。
2. 肩部及腰部的系带，分别在主体相应位置各挑10针，编织78行长针和短针。
3. 围裙边缘织1行边缘编织进行收尾。
4. 口袋，起50针后编织短针，边缘织1行边缘编织。
5. 用绣花线在口袋上绣出花朵图案后，将口袋缝在围裙正面适当位置即可。

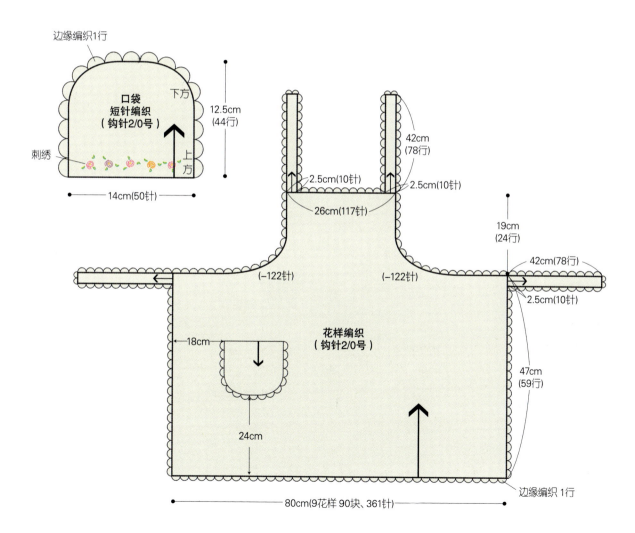

★ 花样编织

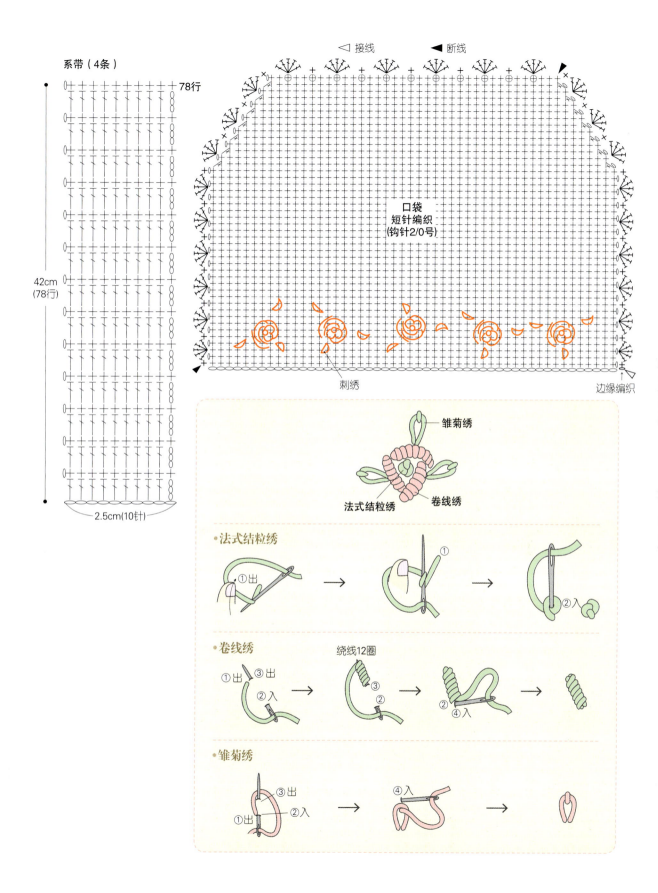

驼色水杯套

材料

驼色麻纱线 40g,磁铁按扣 1组,宽0.5cm的褐黄色缎带 30cm,木制纽扣 2颗
针 钩针 4/0号
尺寸 直径7.5cm,高19cm

制作方法

1 用4/0号钩针环形起针起7针,开始编织11行圆形底座。
2 套身部位依照图解主要编织长针和锁针。注意上下边缘的花样有所变化。
3 在水杯套开口处缝制磁铁按扣。
4 用驼色麻纱线依照图解织35cm(69针)长后,在其中穿入褐黄色缎带,做成提带。
5 在水杯套靠上方部位缝制提带和木制纽扣即可。

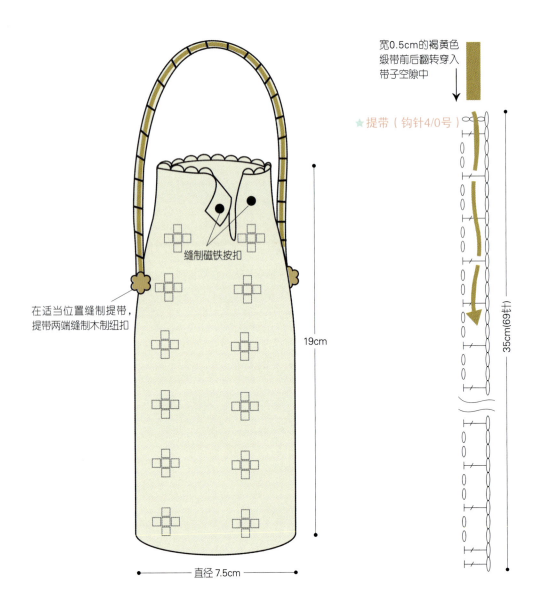

92

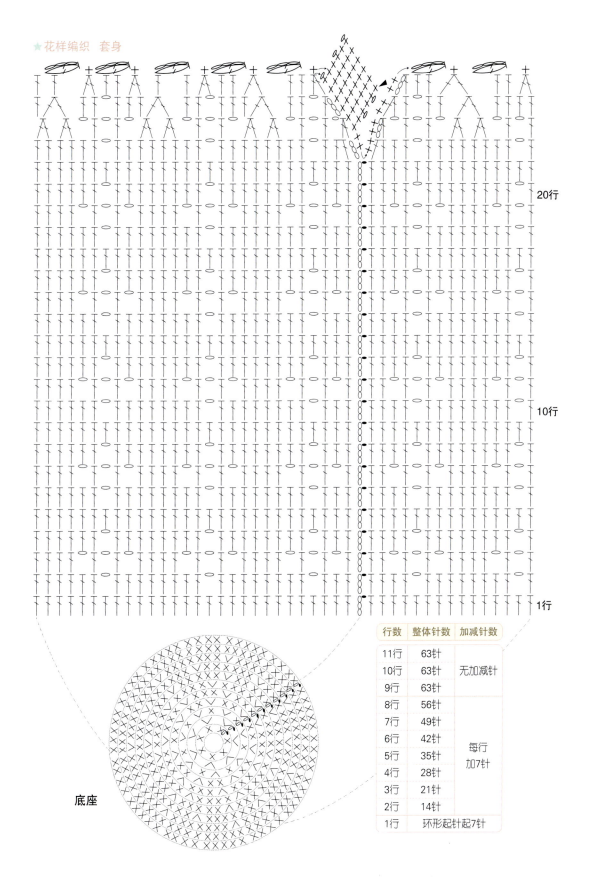

彩虹花盆

材料 各色（含浅绿色、草绿色）棉纱线各少许，铁丝 1m

针 钩针 3/0号，钩针 4/0号，钩针 5/0号

制作方法

1. 使用4/0号和5/0号钩针，根据个人喜好，采用各色棉纱线编织各种样式的花朵。
2. 花茎用5/0号钩针，编织锁针与短针，并将铁丝穿入其中。
3. 用浅绿色和草绿色棉纱线编织28片叶子。
4. 用金尾针将花朵、花茎、叶子相连接。
5. 将所有花朵聚拢后用缎带或铁丝捆扎花茎，制作成花束，盛装进适当的容器中。

★ 马蹄莲（2朵） 钩针 5/0号

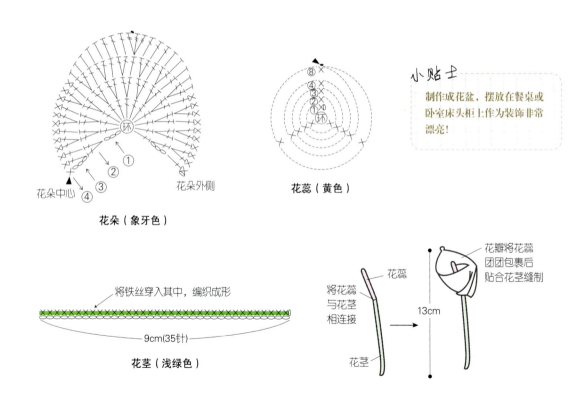

★ 野花（6朵） 钩针5/0号

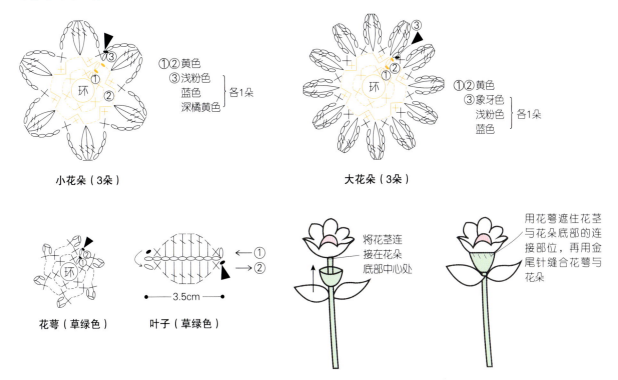

★ 黄色菊花（1朵） 钩针3/0号，钩针4/0号

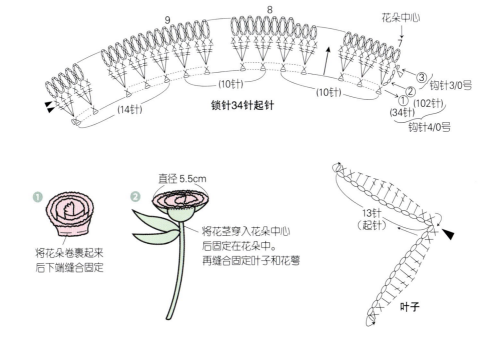

★ 花骨朵（4朵） 钩针4/0号

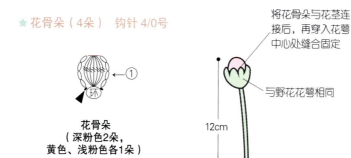

花骨朵
（深粉色2朵，
黄色、浅粉色各1朵）

将花骨朵与花茎连接后，再穿入花萼中心处缝合固定

与野花花萼相同

12cm

★ 大玫瑰花（红色、深粉色各1朵） 钩针5/0号

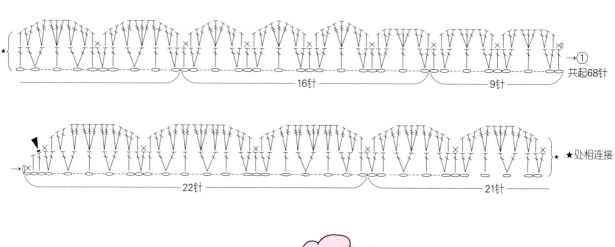

共起68针
16针
9针
22针
21针
★处相连接

直径6cm

将花朵卷裹起来后在下端缝合固定

与野花花萼相同
与野花叶子相同

→ 将花茎穿入花萼中心后，与花朵缝合固定，然后缝合固定叶子与花萼

✿ 小玫瑰花（浅粉色2朵，深粉色、深紫色各1朵） 钩针5/0号

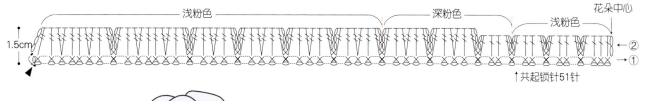

从花朵中心开始卷裹出形状后，与花萼缝合连接

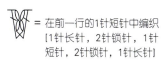

= 在前一行的1针短针中编织
[1针长针，2针锁针，1针短针，2针锁针，1针长针]

✿ 郁金香（红色、浅粉色各1朵） 钩针5/0号

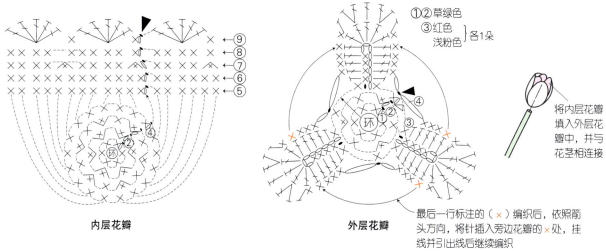

内层花瓣

外层花瓣

①②草绿色
③红色
浅粉色 } 各1朵

将内层花瓣填入外层花瓣中，并与花茎相连接

最后一行标注的（×）编织后，依照箭头方向，将针插入旁边花瓣的×处，挂线并引出线后继续编织

捆扎花茎，制作成花束

北欧风厨房手套

材料
祖母绿色棉纱线 40g,红色、深祖母绿色棉纱线各少许
针 钩针 2/0 号
尺寸 14cm × 24cm

制作方法

1 用2/0号钩针和祖母绿色棉纱线起针后,依照图解编织手套的正面和背面。
2 编织1片花朵图案的花样后,将其缝至手套正面。
3 将手套正面、背面内侧相对对齐,边缘部位用红色棉纱线编织短针连接起来,在收尾处制作挂环。

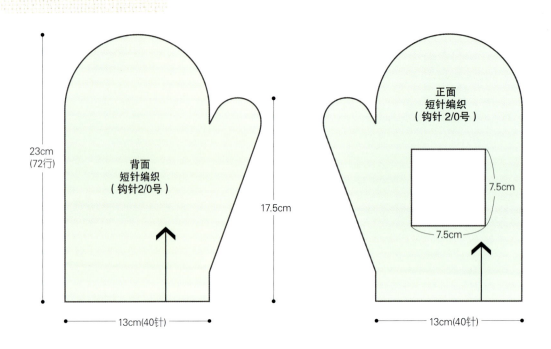

★ 花样

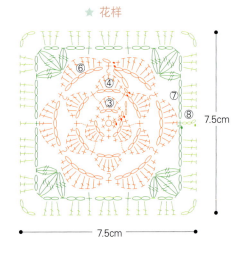

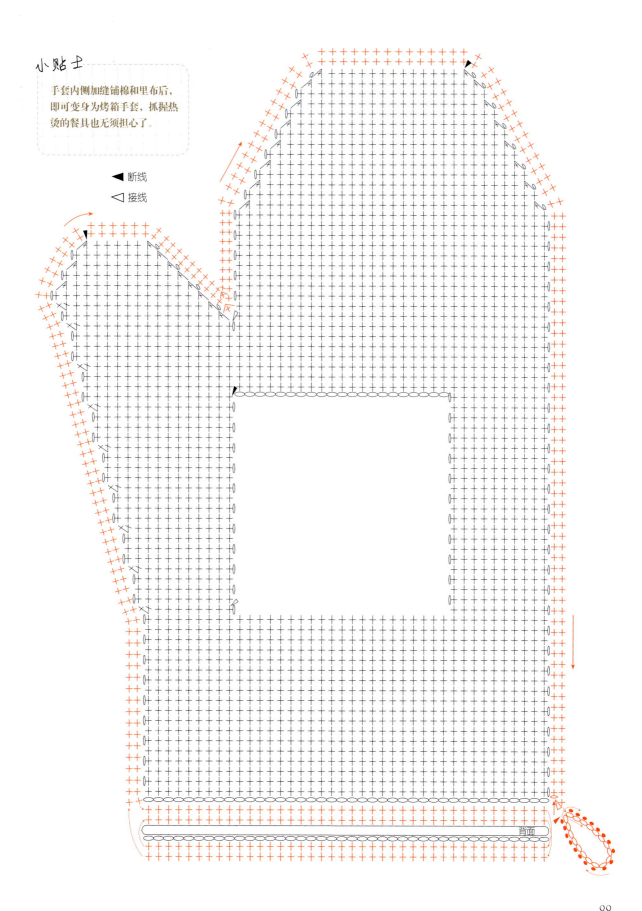

材料

粉红色粗棉纱线 600g

针 钩针6/0号

制作方法

用6/0号钩针和粉红色粗棉纱线起针，依照图解交替进行锁针、长针、短针的花样编织。

浪漫粉红小地毯

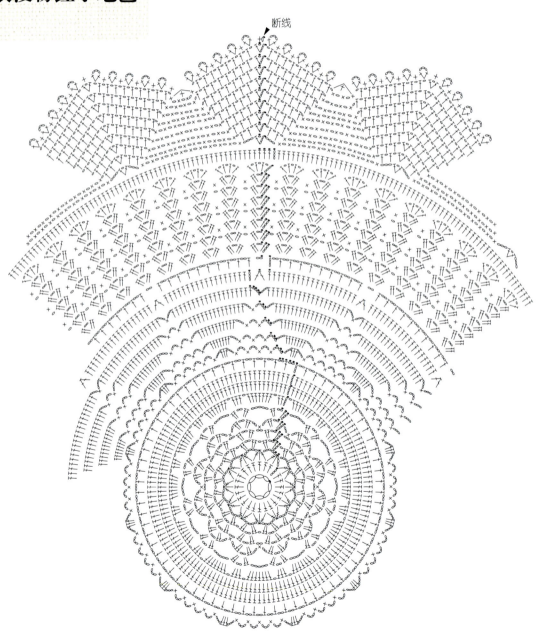

牡丹花抱枕套

材料 白色粗棉纱线 300g，木制纽扣 4颗

针 钩针 6/0号

尺寸 边长40cm

制作方法

1. 用6/0号钩针和白色棉纱线编织1片花样。
2. 以相同方法再编织1片，编织最后1行时与步骤1中的花样一边连接一边编织。
3. 在套入抱枕的开口处编织3圈，缝上纽扣即可。

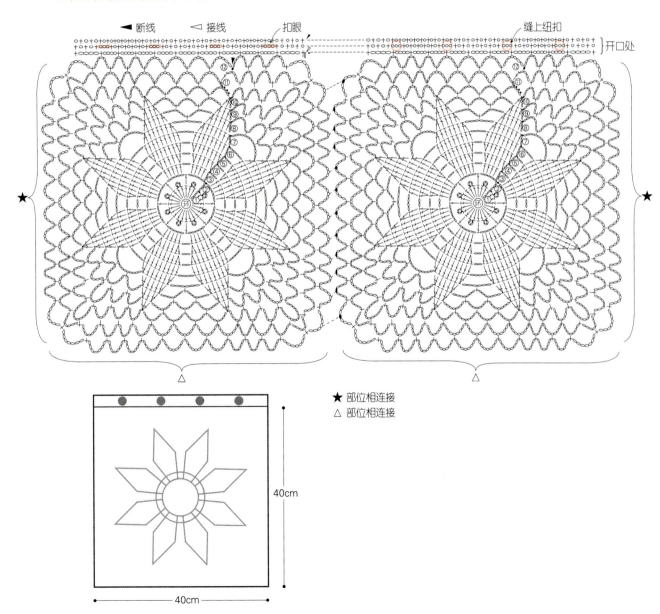

★ 部位相连接
△ 部位相连接

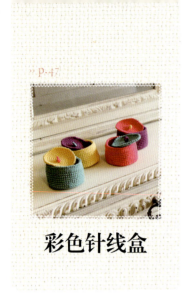

彩色针线盒

材料
深紫色、深粉色、黄色、薄荷绿色毛线各30g
针 钩针5/0号
尺寸 直径8cm，高7cm

制作方法

1 使用5/0号钩针，选择喜欢的彩色毛线环形起针起8针。
2 从第2行到第9行，每行加8针，编织圆形盒底。
3 从第10行开始无加减针编织盒身，第17、18行并针收边。
4 盒盖的编织方法与盒底相似，最后一行编织反短针。
5 盒盖拉环，编织8针锁针后并针收针，对折后缝制在盒盖中央。
6 将盒盖上的留线穿入盒身一侧靠近上部边缘处系紧固定即可。

行数	加减针数	整体针数
18行~10	无加减针	72针
9行	加8针	72针
8行	加8针	64针
7行	加8针	56针
6行	加8针	48针
5行	加8针	40针
4行	加8针	32针
3行	加8针	24针
2行	加8针	16针
1行	环形起针起8针	

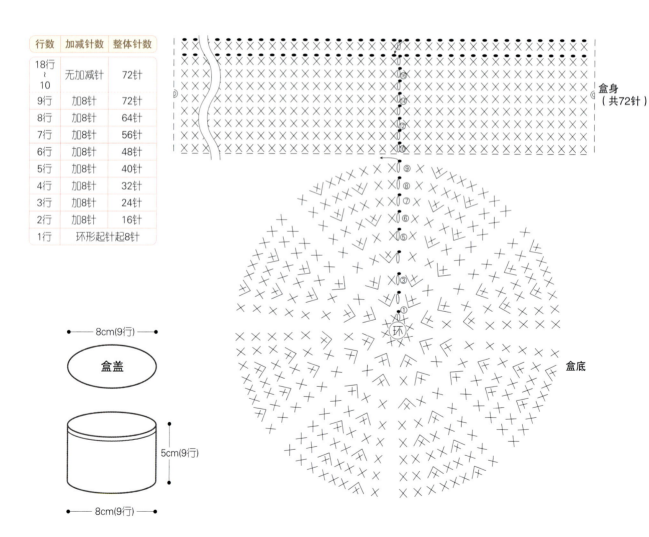

★ 盒盖

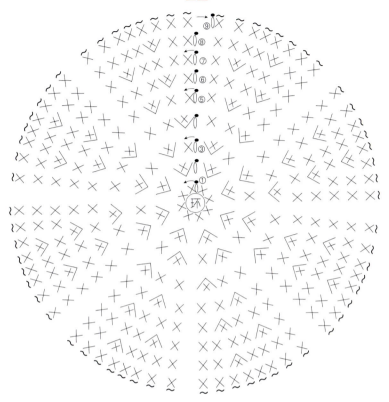

★ 盒盖拉环

对折后缝制在盒盖中心。

将盒盖上的留线穿入盒身一侧靠上部边缘处系紧固定

103

樱花发夹

材料 各色绣花线各少许，亮片6个，发夹1个
针 花边用钩针4/0号
尺寸 发夹宽2cm，长10.5cm

制作方法
1 用4/0号花边用钩针和各色绣花线编织6个花朵图案。
2 将编织完成的花朵翻到背面后，在中心涂抹黏合剂，粘贴固定亮片。
3 将各色花朵摆放在发夹上，用黏合剂粘贴固定即可。

★ 花朵

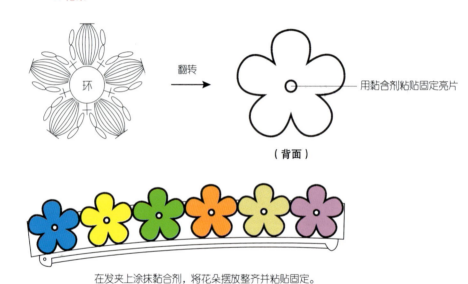

在发夹上涂抹黏合剂，将花朵摆放整齐并粘贴固定。

★ 发圈（2股绣花线） 钩针2/0号

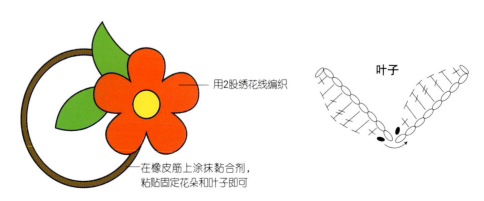

104

棒棒糖发圈

» p.52

材料
红色、黄色、浅绿色、草绿色、天蓝色、海军蓝色、褐色绣花线各少许，半球帽橡皮筋 2个，填充棉少许

针 钩针0号

尺寸 圆球直径 3cm

制作方法

1 如图使用0号钩针、红色线环形起针起6针，然后将各色绣花线依照颜色顺序编织出2个直径3cm的圆球。
2 在织好的圆球内塞入填充棉，再将橡皮筋两端分别塞入圆球内。
3 将圆球开口收拢后缝合固定。

★ 圆球　钩针0号

	行数	加减针数	整体针数
红色	17行	减6针	6针
	16行	减6针	12针
褐色	15行	减6针	18针
	14行	减6针	24针
海军蓝色	13行	无加减针	30针
	12行	无加减针	30针
天蓝色	11行	无加减针	30针
	10行	无加减针	30针
草绿色	9行	无加减针	30针
	8行	无加减针	30针
浅绿色	7行	无加减针	30针
	6行	无加减针	30针
黄色	5行	加6针	30针
	4行	加6针	24针
红色	3行	加6针	18针
	2行	加6针	12针
	1行	环形起针起6针	

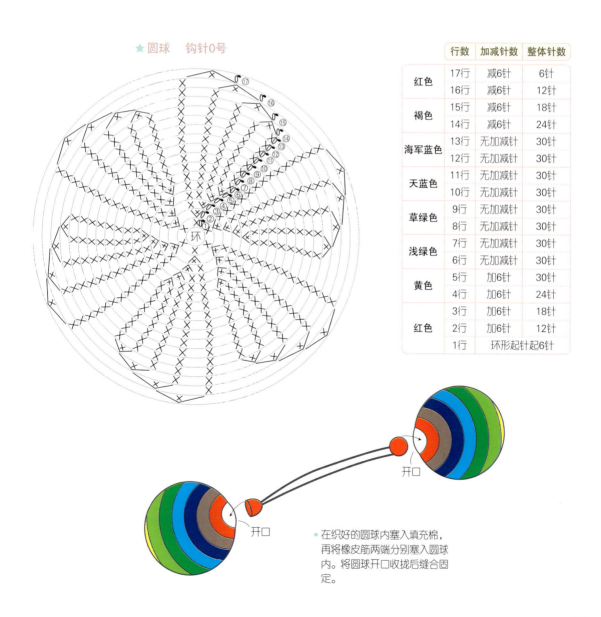

• 在织好的圆球内塞入填充棉，再将橡皮筋两端分别塞入圆球内。将圆球开口收拢后缝合固定。

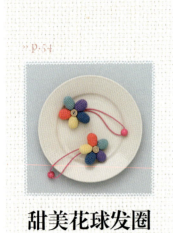

甜美花球发圈

材料 草莓粉色、黄色、浅紫色、薄荷绿色、深蓝色绣花线各少许，橡皮筋2个，木制纽扣2颗，填充棉少许

针 钩针 0号

尺寸 花朵径长 5.5cm

制作方法

1. 使用0号钩针，交替搭配各色绣花线编织5个球体。
2. 在编织好的球体中塞入填充棉后收拢。
3. 将5个球体摆放成花朵形状，用缝衣针和线反复穿插各个球体的开口部位并收拢打结。
4. 在花朵正面中心处缝制木制纽扣，背面涂抹黏合剂后粘贴固定橡皮筋。

★ 球体（5个） 钩针 0号

行数	加减针数	整体针数
13行	减2针	7针
12行	减2针	9针
11行	减3针	11针
10行	减4针	14针
9行	无加减针	18针
8行	无加减针	18针
7行	无加减针	18针
6行	无加减针	18针
5行	无加减针	18针
4行	无加减针	18针
3行	加6针	18针
2行	加6针	12针
1行	环形起针起6针	

小贴士

无论黏合剂的粘黏性多强，橡皮筋上粘贴的花朵都比较容易脱落。在整理球体线头的同时，将线头在橡皮筋上缠绕一圈并缝合后再涂抹黏合剂，能够起到更好的固定效果。

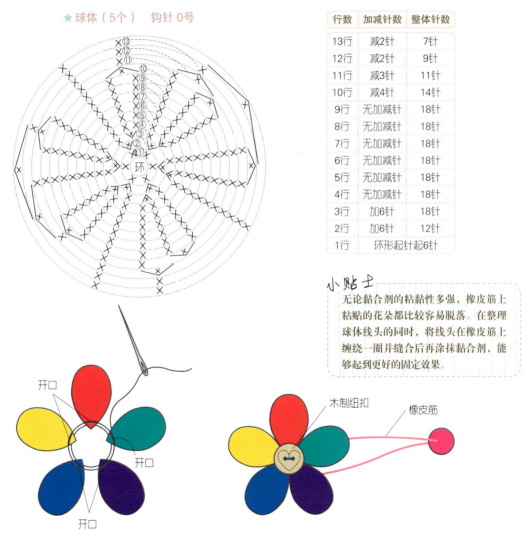

• 在球体中塞入填充棉后收拢，将5个球体摆放成花朵形状，用缝衣针和线反复穿插各个球体的开口部位并收拢打结。将木制纽扣固定在花朵正面中心处，背面涂抹黏合剂后粘贴固定橡皮筋。

小星星饰针

材料 蓝色、草绿色、红色、黄色棉纱线各少许，别针3个
针 钩针2/0号
尺寸 加别针长9.5cm

制作方法

1 用2/0号钩针和喜欢的彩色线依照图解编织2片星星图案。
2 将2片星星图案内侧相对对齐，用黄色线在边缘部位编织短针进行连接，留出开口即可。
3 将别针插入开口，编织短针缝合开口。
4 采用相同方法制作不同颜色的饰针。

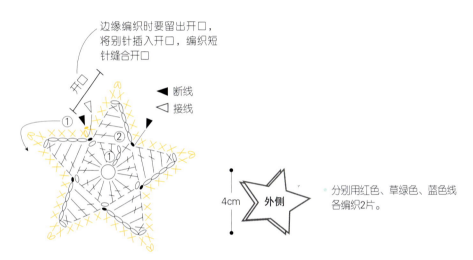

- 将编织好的2片星星图案内侧相对对齐，用黄色线在边缘部位编织短针进行连接。
- 分别用红色、草绿色、蓝色线各编织2片。

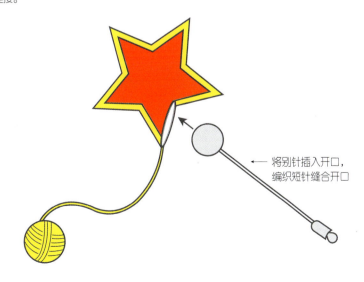

将别针插入开口，编织短针缝合开口

马卡龙钥匙圈

材料 各色棉纱线、各色绣花线各少许，宽1.5cm的拉链1条，马卡龙盖2个，迷你镜（直径4.5cm）1个，羊毛毡少许，亮片6个，钥匙环1个

针 2.5mm棒针，钩针2/0号

尺寸 直径5.5cm

制作方法

1. 用2.5mm棒针起18针，加减针的同时进行28行上下针编织。以相同方法再编织1片。
2. 用步骤1中2片织物的线头在边缘部位分别进行平针缝。在收拢时填充进马卡龙盖，随后收紧。
3. 选择步骤1中使用的同色线，用2/0号钩针起10针锁针，编织10行短针，织出拉链套。
4. 将拉链环绕马卡龙盖一周剪裁成适当长度，两端相交缝合后，覆盖步骤3中编织的拉链套，再缝合一遍。
5. 将步骤2中的2个马卡龙盖内侧相对叠合，边缘部位放置步骤4的拉链后对齐缝合一周。将钥匙环连接在拉链环上。

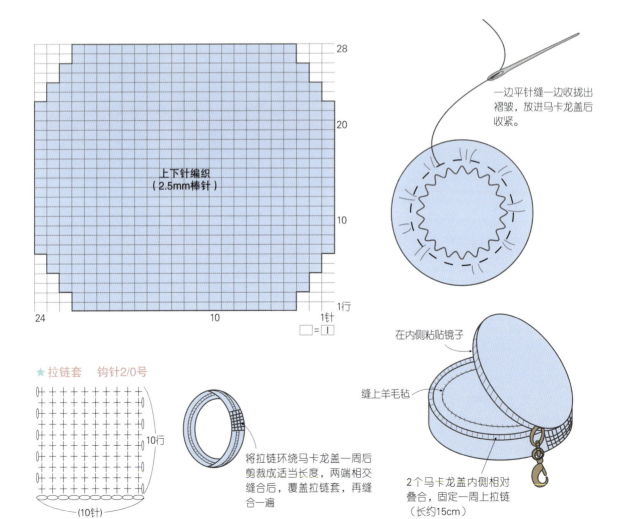

6 用2/0号钩针和各色线编织出汽车、蝴蝶、花朵等图案后,背面涂抹黏合剂后粘贴固定在步骤5的成品上。
7 在马卡龙上盖内侧涂抹黏合剂后粘贴迷你镜,马卡龙下盖内侧缝制羊毛毡即可。

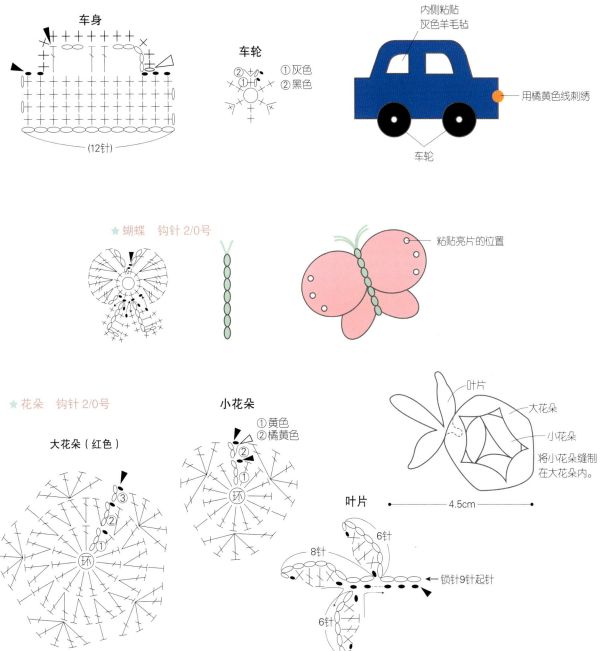

玩偶饰针

材料

橘黄色、浅灰色、浅紫色毛纱线各少许，眼睛纽扣2颗，铃铛1个，各色绣花线、花朵布各少许，填充棉少许

针 2.5mm棒针

制作方法

1. 用2.5mm棒针和各色毛纱线编织上下针织出猫和兔子的头部、身体、耳朵、四肢和尾巴（兔子不织）。
2. 将步骤1中编织好的各个部位（除猫耳朵外）分别对折，用钩针缝合边缘，同时塞入填充棉。
3. 将头部、四肢、尾巴摆放在身体的合适位置后缝合连接。
4. 猫的耳朵选用浅灰色和橘黄色毛纱线编织后，不同颜色的2片对齐叠合后缝制在一起，同时塞入填充棉，然后缝在头部合适的位置。
5. 猫的眼睛粘贴眼睛纽扣，鼻子、嘴巴、胡须、额头上的花纹如图用绣花线绣出。最后在脖子上缝制铃铛。
6. 将兔子耳朵缝在头部合适的位置。依照图解，绣出兔子的眼睛、鼻子、嘴巴、耳朵上的花纹。最后在肚子上缝上花朵布，脖子上系上蝴蝶结即可。

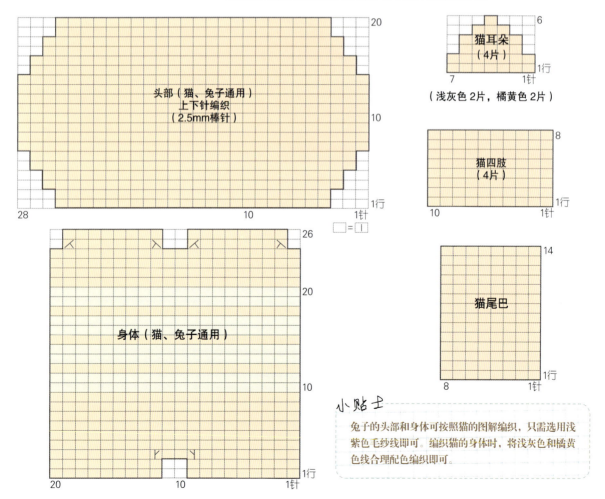

小贴士

兔子的头部和身体可按照猫的图解编织，只需选用浅紫色毛纱线即可。编织猫的身体时，将浅灰色和橘黄色线合理配色编织即可。

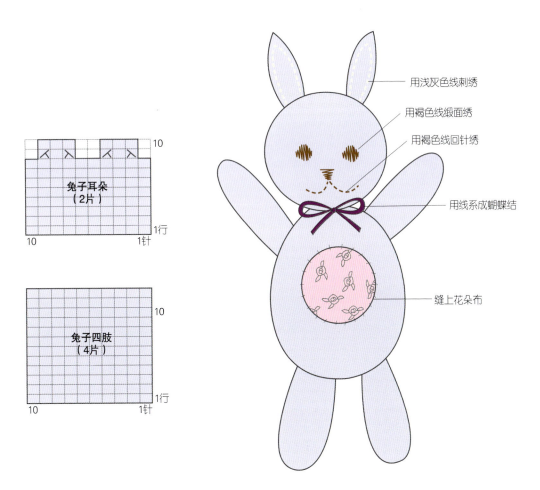

心形、玫瑰项链

材料
心形项链 深紫色金银绣花线少许，各色珠子适量，透明橡皮筋1条，填充棉少许
玫瑰项链 浅粉色、深粉色、浅橘黄色线各少许，各色半透明珠子适量，透明橡皮筋1条，羊毛毡少许

针 钩针2/0号，钩针5/0号

制作方法

心形项链

1 用2/0号钩针和深紫色金银绣花线编织心形图案后，塞入填充棉并收拢。

2 先在透明橡皮筋上穿入一半珠子，然后穿入心形项坠，再穿入剩下的一半珠子并打结即可。

玫瑰项链

3 用5/0号钩针和3种颜色的线编织玫瑰花图案，然后从标注的花朵中心部位开始卷裹，卷裹出盛开的花朵形状。

4 将花朵根部缝合固定后，用直径约2.5cm的羊毛毡盖住缝合部位。

5 缝合固定羊毛毡，中途将穿有半透明珠子的橡皮筋夹入即可。

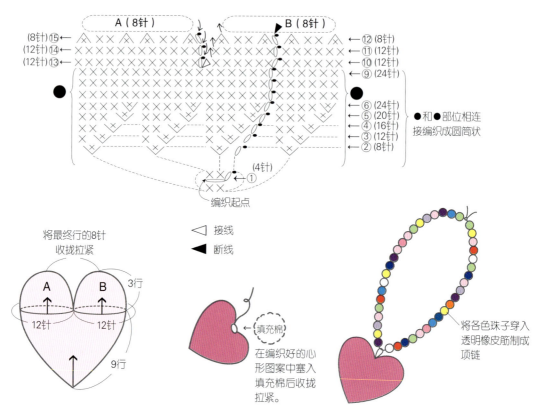

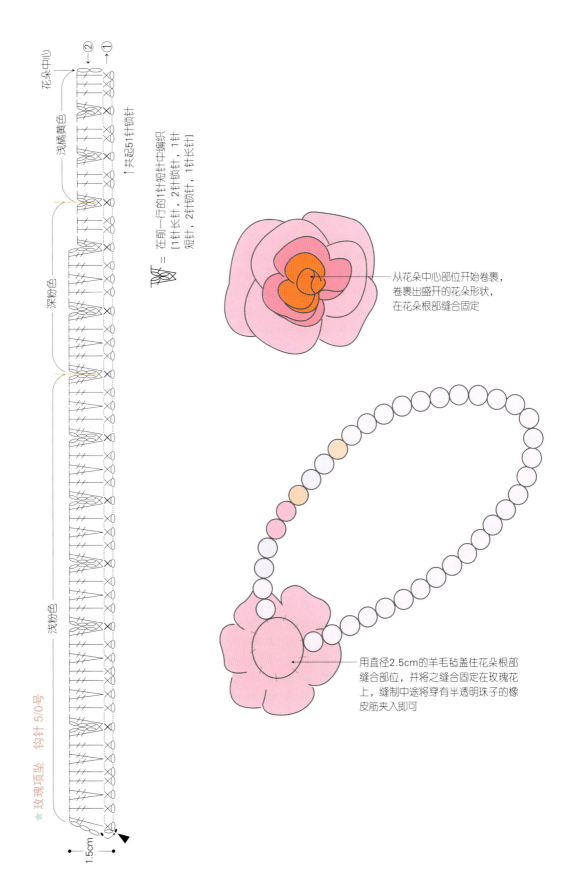

焦糖色迷你包

材料
浅褐色棉纱线40g，象牙色麻纱线少许，纽扣1颗，肩带1m，皮质商标1个
针 2.5mm棒针，钩针3/0号
尺寸 12cm×16cm
测量尺寸 10cm×10cm范围内，上下针编织28针×39行

制作方法

1 用2.5mm棒针和浅褐色棉纱线起34针，织4行起伏针、116行上下针，再织4行起伏针。
2 步骤1的织片收边后内侧相对对折，用金尾针缝合两侧边。
3 用3/0号钩针和象牙色麻纱线编织装饰用花样后，放在包上的合适位置，用金尾针缝合。
4 用3/0号钩针和浅褐色棉纱线编织12针锁针制作扣环，然后缝制在前片包口的内侧。纽扣缝制在后片包口的外侧，能够扣合即可。
5 将肩带固定在迷你包口两端内侧。
6 在包身前片适当位置缝上皮质商标。

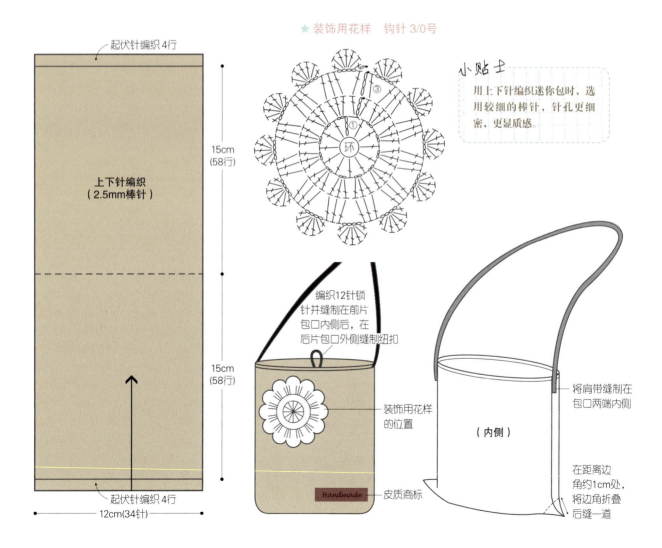

黑色迷你包

材料
黑色人造丝线 40g，象牙色麻纱线少许，磁铁按扣 1组，皮质商标 1个
针 钩针 3/0号
尺寸 12cm×16cm
测量尺寸 10cm×10cm范围内，短针编织24针×25行

制作方法
1 用3/0号钩针和黑色人造丝线起24针锁针，呈圆筒状编织。
2 编织4行短针，织出包底座。
3 编织37行短针，织出包身，最后2行并针收边。
4 在前片包口中间挑7针，织11行，编织扣带。
5 用3/0号钩针和象牙色麻纱线编织装饰用花样，缝制在包身前片适当位置。
6 在扣带和后片包口的适当位置缝制磁铁按扣。
7 用黑色人造丝线编织锁针至约27cm长作为肩带，缝制在包口两端。
8 在包身前片适当位置缝上皮质商标。

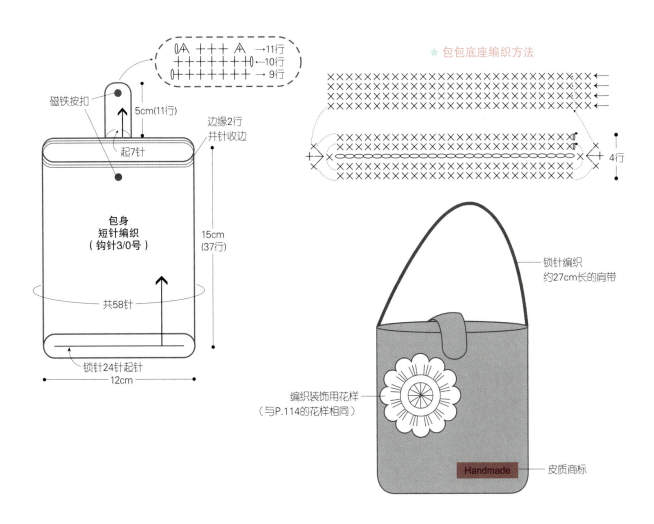

泡泡钥匙圈

材料

各色绣花线各少许，填充线团少许，金色金银绣花线、金色闪光饰片各少许，透明橡皮筋1条，星星装饰贴1个，钥匙环1个

针 钩针 0号，钩针 3/0号

制作方法

1. 用0号钩针和各色绣花线编织12个圆球。
2. 圆球中塞入填充线团后收拢。
3. 用透明橡皮筋穿过各色圆球，制作成手链形状。
4. 用3/0号钩针和2股金色金银绣花线编织平底鞋图案，在平底鞋上粘贴金色闪光饰片和星星装饰贴。
5. 在钥匙环上穿入平底鞋和圆球手链即可。

★ 圆球（各色圆球共12个） 钩针 0号

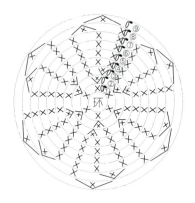

行数	加减针数	整体针数
9行	减6针	6针
8行	减6针	12针
7行	无加减针	18针
6行	无加减针	18针
5行	无加减针	18针
4行	无加减针	18针
3行	加6针	18针
2行	加6针	12针
1行	环形起针起6针	

★ 平底鞋（2股金色金银绣花线） 钩针 0号

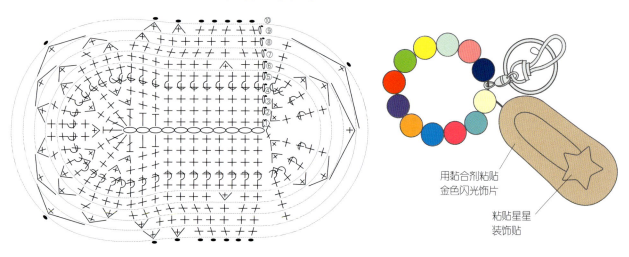

用黏合剂粘贴金色闪光饰片

粘贴星星装饰贴

迷你手机套

材料 浅褐色棉纱线 20g，深草绿色、深粉色棉纱线各20g，蓝色、黄褐色棉纱线各少许，装饰纽扣1颗，各色木制珠子3个，肩带1m

针 2.5mm棒针，钩针3/0号

尺寸 12cm×16cm

测量尺寸 10cm×10cm范围内，上下针编织28针×39行

制作方法

1. 用2.5mm棒针和深草绿色（或深粉色）棉纱线起34针，织4行起伏针、66行上下针。
2. 换成浅褐色棉纱线后织50行上下针，再织4行起伏针。
3. 步骤2中的织片收针后内侧相对对折，用金尾针缝合两侧边。
4. 用3/0号钩针和相应颜色的棉纱线编织装饰用花样后，缝制在包身浅褐色面的适当位置。
5. 用3/0号钩针和浅褐色棉纱线编织12针锁针制作扣环并缝制在前片包口内侧的中间，装饰纽扣缝制在后片包口外侧的中间。
6. 肩带一端缝制在包口一端的内侧，另一端穿入各色木制珠子并打结后再系一遍，固定在包口另一端的外侧即可。

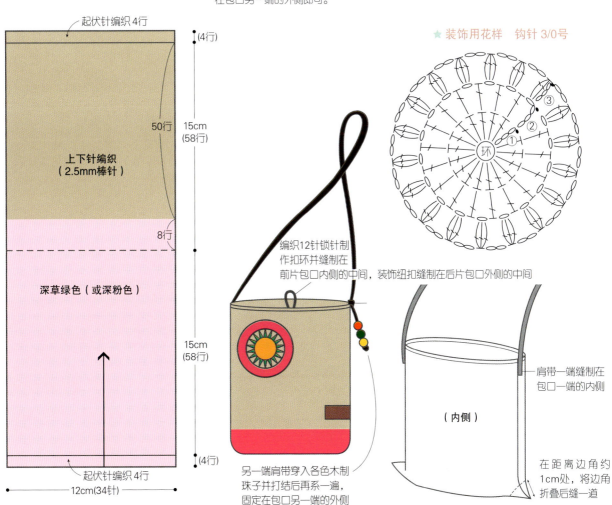

樱桃铅笔袋

材料 灰蓝色棉纱线 80g,红色棉纱线 30g,绿色棉纱线少许,拉链(长20cm)1条
针 钩针 4/0号
尺寸 直径9cm,长20cm

制作方法

1. 用4/0号钩针和灰蓝色、红色棉纱线编织2片侧身。
2. 袋身用4/0号钩针和2股灰蓝色棉纱线起44针后编织54行短针。
3. 袋身上下边缘(袋口处)均用红色棉纱线再编织1行短针。
4. 将侧身的边缘与袋身侧边边缘叠合并用珠针固定后,用1股红色棉纱线编织短针进行连接。
5. 编织出樱桃装饰后缝制在铅笔袋的中间,袋口处缝制拉链即可。

★ 侧身(1股线,2片)　钩针 4/0号

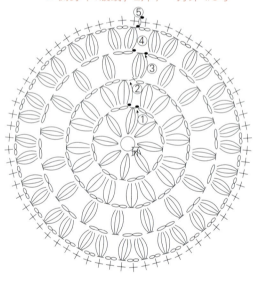

①行 灰蓝色
②~⑤行 红色

直径8cm

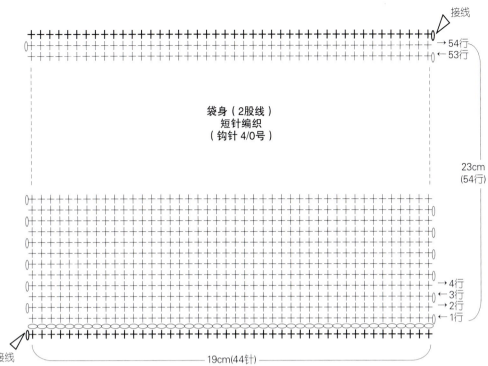

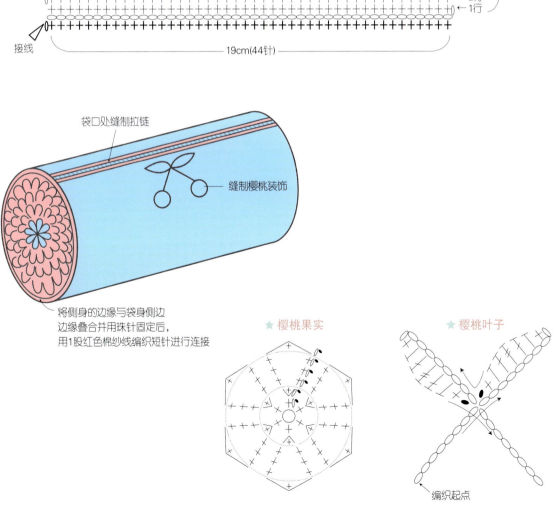

我的朋友泰迪

材料 印第安粉色、深薄荷绿色、青绿色、深草绿色、浅紫色、深紫色、褐色、深褐色、灰色、砖红色牦牛毛线各30g，人造革少许，木制纽扣（眼睛用）2颗，木制纽扣（连接用）4颗，缎带少许，填充棉适量，羊毛毡少许

针 钩针5/0号，3mm棒针

尺寸 20cm×26cm

制作方法

1. 用3mm棒针及各色毛线根据各个部位的花样图解进行花样编织。
2. 分别将胳膊、腿、头部等织片内侧相对对齐，留出开口后缝合。
3. 通过开口塞入填充棉，缝合开口。
4. 在头部内侧垫衬羊毛毡后再塞入填充棉，能够有效防止拉伸，维持脸部造型。
5. 沿2片身体织片屁股部位的虚线向内折叠缝制后，将2片身片内侧相对对齐缝合并塞入填充棉。
6. 将胳膊和腿分别放在身体两侧的适当位置进行连接，4个连接处分别缝制连接用木制纽扣进行固定。
7. 将耳朵缝制在头部后，将头部与身体缝合连接。
8. 分别用5/0号钩针和青绿色线、印第安粉色线编织2片花样后缝制在脚掌处。
9. 将眼睛用木制纽扣缝制在脸部适当位置，将人造革剪成三角形缝制在鼻子部位。用褐色线绣出嘴巴，再在脖子上用缎带系成蝴蝶结即可。

脸部（深薄荷绿色、印第安粉色）

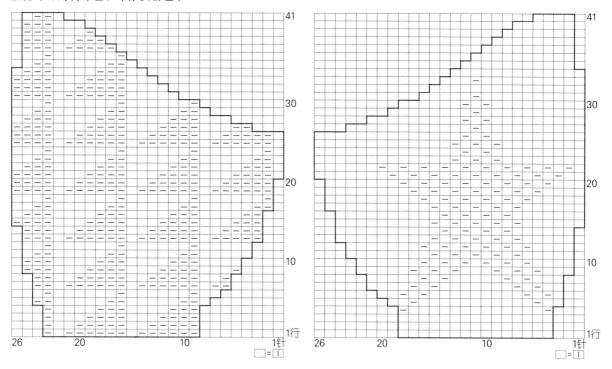

额头（灰色）

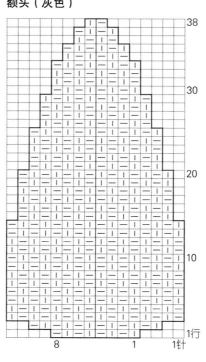

后脑勺（深薄荷绿色） 后脑勺（浅紫色）

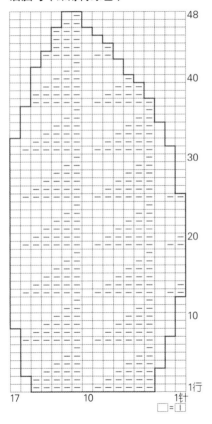
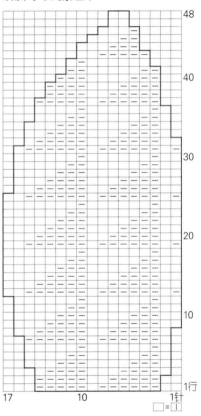

右腿（砖红色）、左腿（深薄荷绿色） 各1片　　　右腿（浅紫色）、左腿（深紫色） 各1片

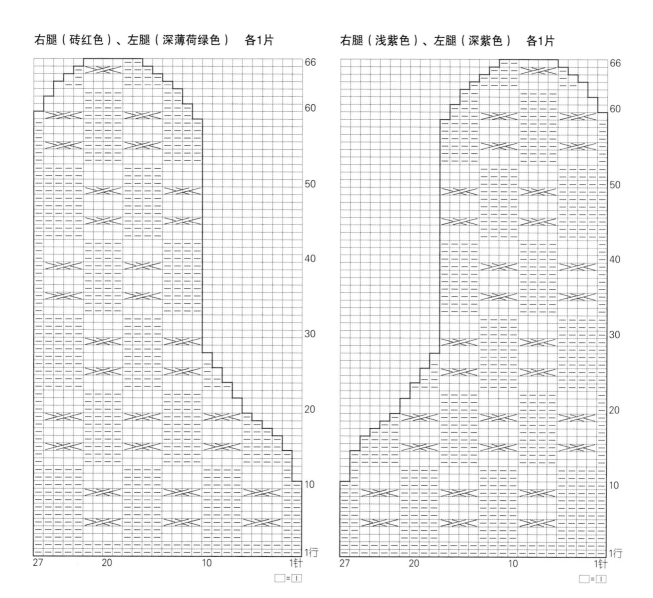

· 同一侧腿部的织片将颜色、花纹搭配连接起来。

右侧胳膊（印第安粉色） 右侧胳膊（褐色）

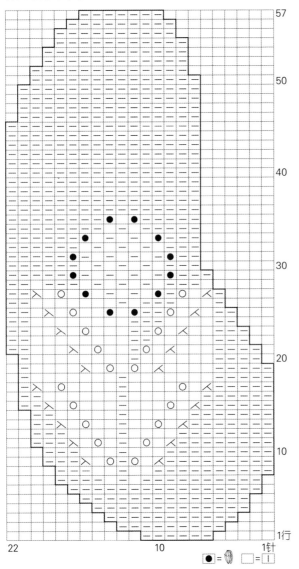
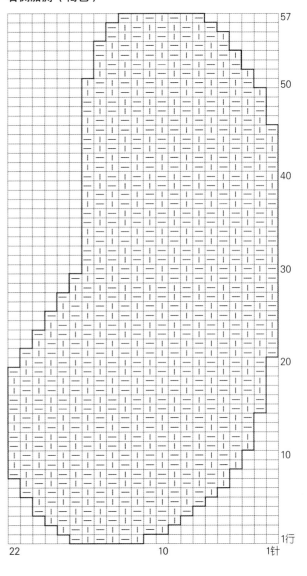

左侧胳膊（灰色） 左侧胳膊（青绿色）

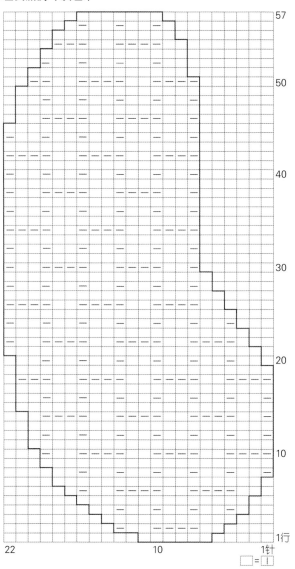
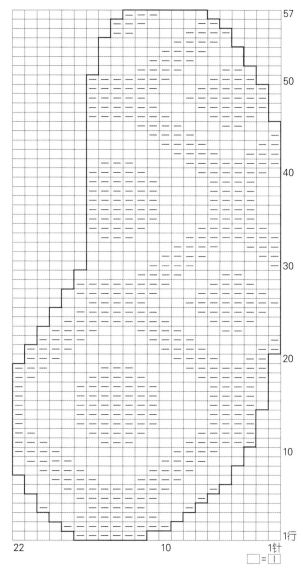

左侧身片（砖红色）

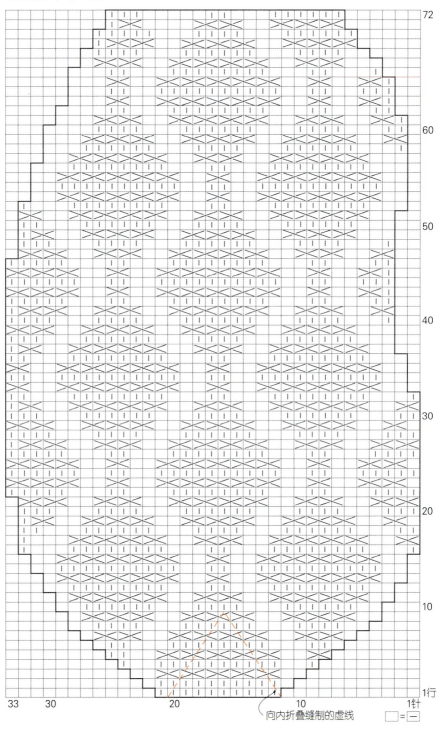

向内折叠缝制的虚线

□=□

右侧身片（深草绿色）

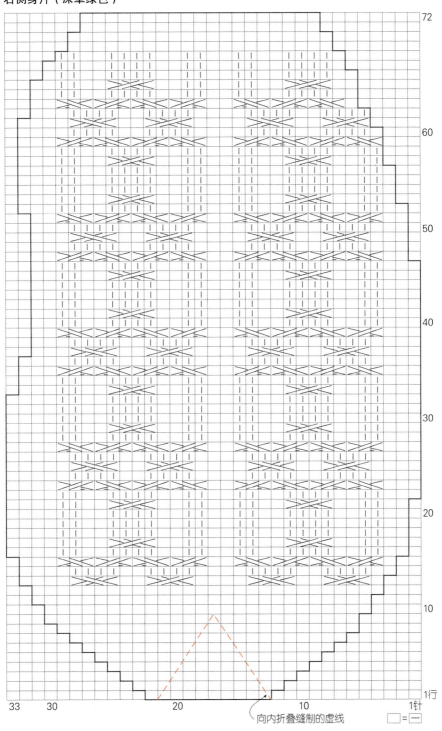

耳朵（深褐色、深草绿色、深紫色、砖红色各1片） **脚掌（褐色2片）**

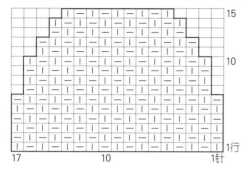

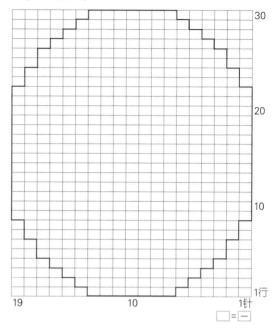

★ 脚掌花样　钩针 5/0号

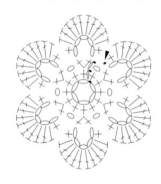

小贴士

编织玩偶比布艺玩偶具有更强的伸缩性，因此不宜塞入过多的填充棉，否则会造成外形上的不协调。为避免外形过度拉伸，塞入适量填充棉即可。

- 缝制眼睛用木制纽扣
- 缝制人造革作为鼻子
- 用2股线刺绣出嘴巴
- 将缎带系成蝴蝶结
- 将胳膊、腿与身体相连接时，4个连接处分别缝制连接用木制纽扣既美观，也更为牢固
- 在脚掌上缝上花样

环保袋

> p.70

材料
浅褐色麻纱线800g，内衬用布（45cm×50cm）1片，磁铁按扣1组
针 钩针5/0号
尺寸 环保袋22cm×40cm，花样直径6.5cm
测量尺寸 10cm×10cm范围内，短针编织20针×24行

制作方法

1. 用5/0号钩针和2股浅褐色麻纱线环形起针起7针，编织26行短针，每行加7针，织出圆形袋底。
2. 第27行编织短针的反拉针，织出袋底和袋身的分界处，依照图解适当加针，再织22行袋身短针。
3. 用5/0号钩针编织14片直径6.5cm的花样，要一边编织花样，一边织并针连接花样并连接在袋身上。
4. 依照相同方法接着织22行袋身、14片并排的花样、22行袋身至第92行，袋口3行同时并针收边。

［制作方法接P.131］

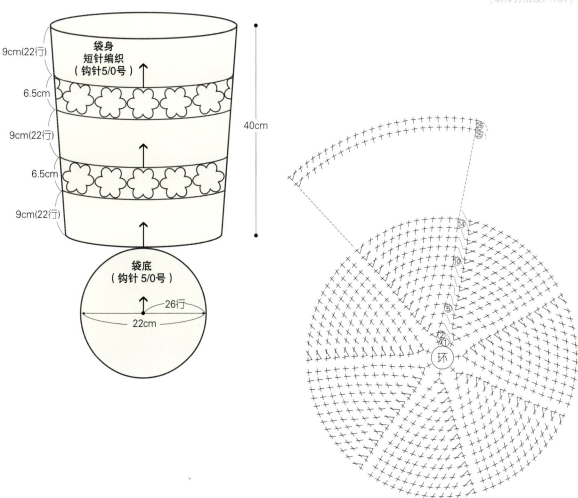

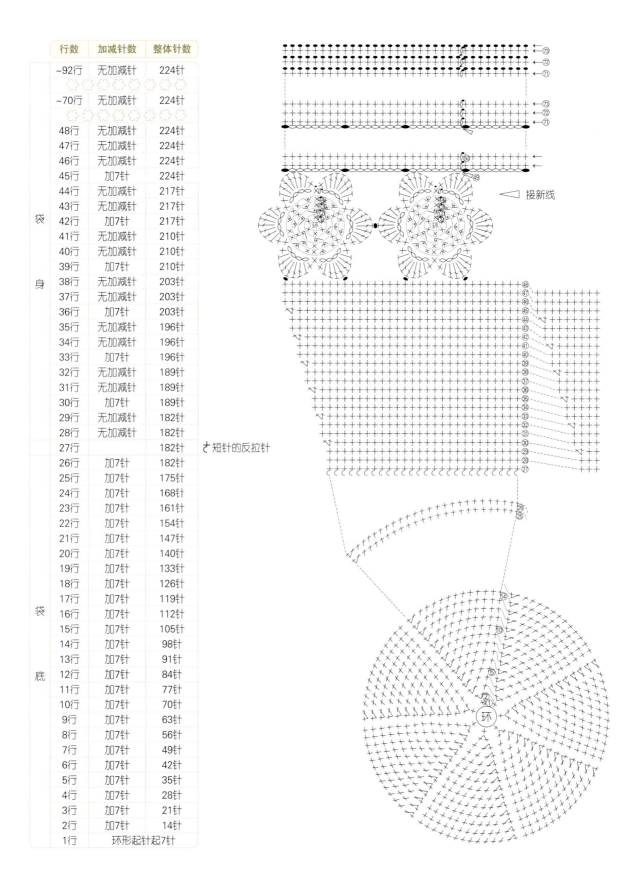

5 提带部分，用5/0号钩针起18针锁针，编织96行短针后对折并缝合。
6 将提带缝制在袋口的适当位置。
7 剪裁好内衬用布并制作成内袋后，将其放入外袋内，以藏针缝缝合袋口一圈连接，在袋口缝制磁铁按扣即可。

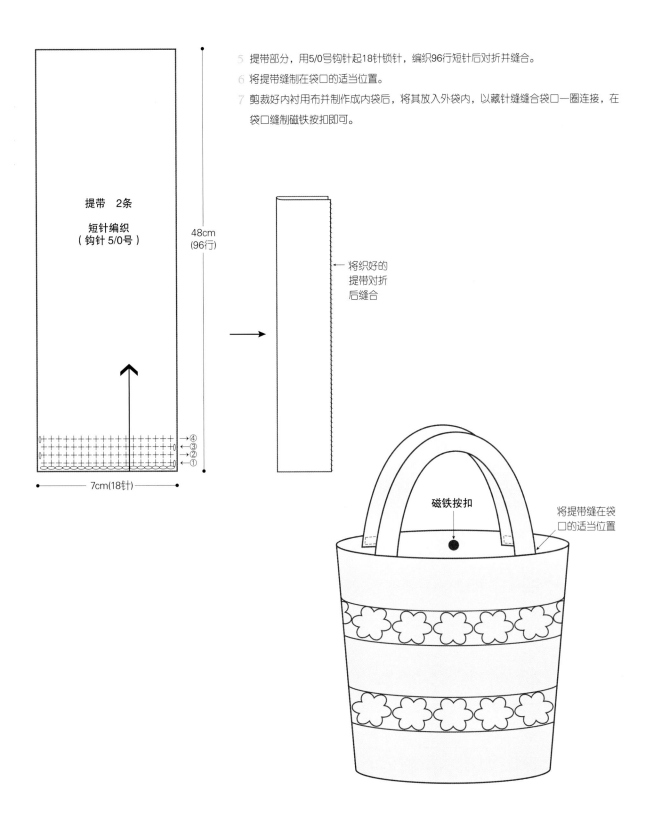

复古大包

» p.71

材料
蓝色、红色、草绿色牛仔棉线各100g,浅褐色牛仔棉线50g,皮质提带2条,内衬用布(50cm×100cm)1片,磁铁按扣1组,复古布贴标适量
针 3.5mm棒针
尺寸 44cm×50cm
测量尺寸 10cm×10cm范围内,花样编织28针×35行

制作方法

1. 用3.5mm棒针及各色牛仔棉线起针,分别依照花样编织A、B、C、D图解各编织2片。
2. 将编织好的织片如下图进行配色摆放,用金尾针缝制拼接出外袋前片和后片。
3. 用金尾针缝合外袋两侧边和底部,剪裁好内衬用布并缝合成内袋后,放入外袋内并在包口缝制一圈。
4. 在包口处适当位置缝制皮质提带,在包口中间内侧缝制磁铁按扣。
5. 在包身上装饰复古布贴标即可。

磁铁按扣

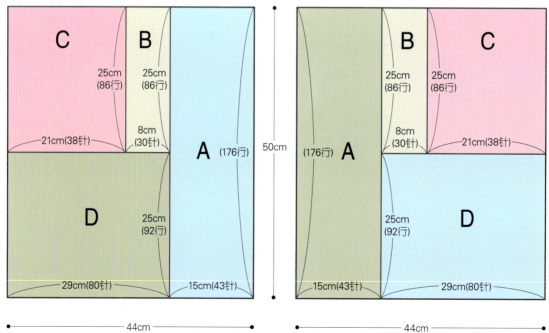

★ 花样编织A

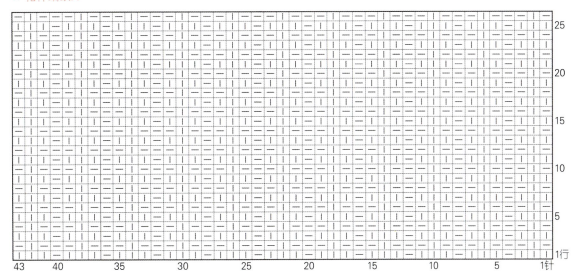

★ 花样编织B

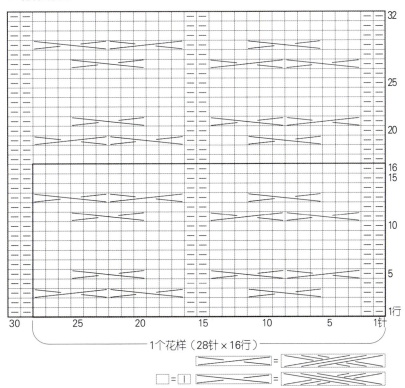

★ 花样编织C

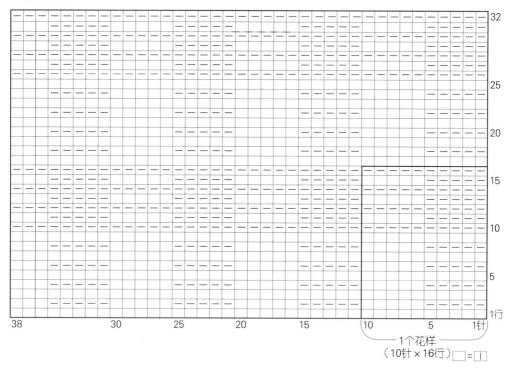

1个花样
（10针×16行） □=□

★ 花样编织D

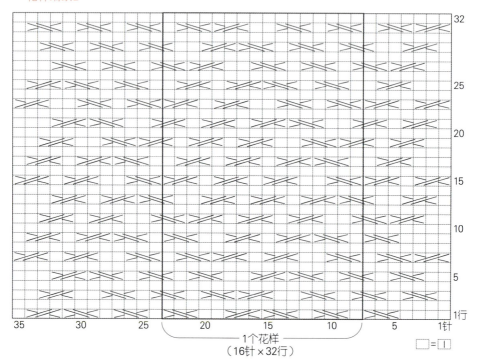

1个花样
（16针×32行）

□=□

绿色购物包

材料 草绿色麻绳600g，橘黄色、蓝色麻绳各少许，皮质肩带2条，内衬用布1片
针 钩针4/0号
测量尺寸 10cm×10cm范围内，花样编织20针×25行

制作方法

1 用4/0号钩针和草绿色麻绳起66针，编织38行短针，织出包底。
2 包底呈环形编织1行短针的反拉针后，再编织短针至75行，织出包身。
3 为了让包口处能够承重，第75行、74行、73行同时并针收边。
4 分别用橘黄色、蓝色麻绳各编织2个扇形装饰花样，缝在包身4个底角处。
5 将内衬用布剪裁成合适尺寸并缝制成内袋后，放入包包内并缝合包口一圈，将皮质肩带缝制在包口适当位置即可。

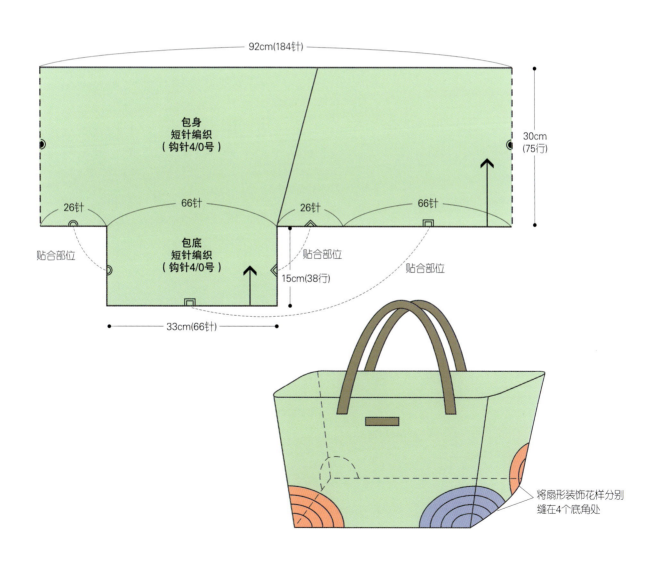

将扇形装饰花样分别缝在4个底角处

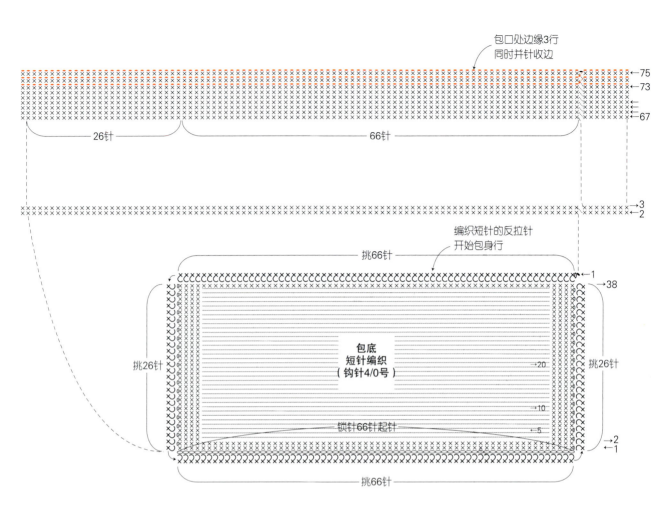

★ 扇形装饰花样（橘黄色、蓝色各2片）　钩针 4/0号

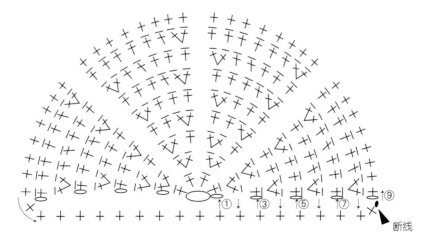

印第安粉十字包

材料
印第安粉色棉纱线 200g,褐色皮革(48cm×6cm)1片,拉链(长25cm)1条,透明线少许,皮质肩带 1m
针 钩针4/0号,2.5mm棒针
尺寸 十字包 22cm×26cm,花样直径8cm
测量尺寸 10cm×10cm范围内,上下针编织32针×40行

制作方法

1 用4/0号钩针和印第安粉色棉纱线分别编织各个花样,6片花样A,6片花样B,3片花样C,3片花样D。
2 将编织的花样如下图排列,将各个花样连接起来。
3 用2.5mm棒针起70针,编织200行上下针,内侧相对对折后用金尾针缝合两侧边,即为包身主体。
4 将包身主体放置在步骤2中连接好的花样内,用透明线缝制固定下端2个底角和上端重叠部位。
5 将剪裁好的皮革贴合在包身主体上方,用缝纫机上下分别缝一圈。
6 在包口处缝制拉链,两端缝制皮质肩带即可。

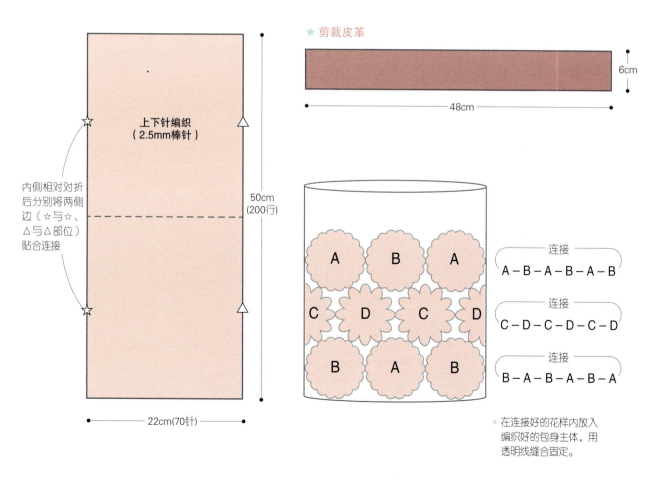

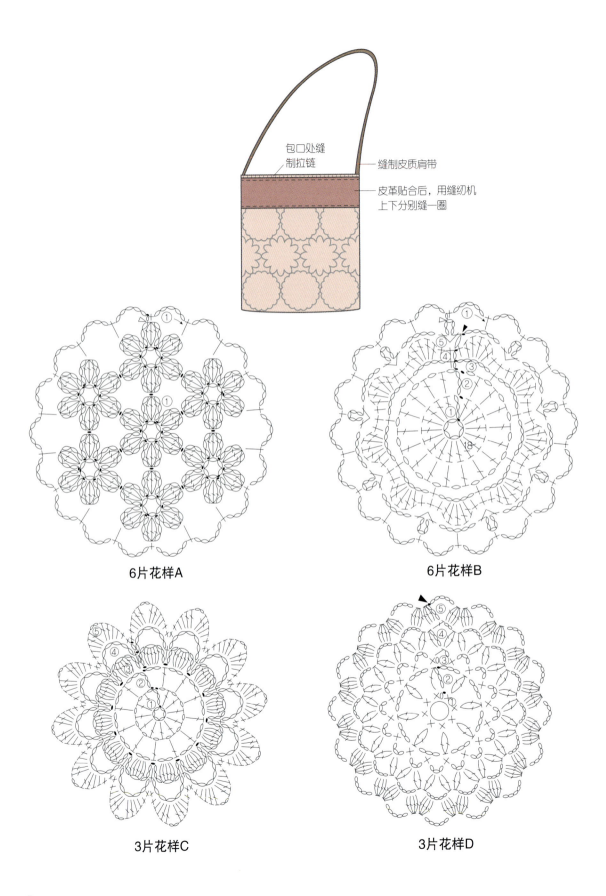

清新蕾丝袋

>> p.76

材料 象牙色麻纱线200g，内衬用亚麻布（70cm×90cm）1片，肩带用亚麻布（10cm×108cm）1条

针 钩针3/0号

尺寸 包身28cm×38cm，花样边长9.5cm

制作方法

1. 用3/0号钩针和象牙色麻纱线编织24片边长9.5cm的花样，并连接成为包包形状。
2. 将内衬用亚麻布剪裁成2片31cm×79cm布料待用。
3. 将步骤2中的2片布外侧相对对齐，缝份1.5cm，缝合两侧边和底边。
4. 内衬下端边角处剪牙口，翻到外侧后，开口处向内折叠1.5cm并以藏针缝缝合开口处。
5. 将缝好的内衬长边对折，两侧边进行藏针缝。
6. 将步骤5的内衬放入步骤1中的花样包包内，内衬与花样包包包口处缝合一圈进行连接。
7. 为避免内衬和花样包包的下端边角不贴合，适当进行缝制固定。
8. 将肩带用亚麻布两侧边各向内折2cm后再对折，然后缝合侧边制作成宽3cm的肩带，放置在包口两端内侧缝合固定。
9. 用3/0号钩针和象牙色麻纱线起锁针，并针编织成85cm长的束口绳并穿入包口，两端各留出3~4cm后系好。

小贴士

2片纵向剪裁的内衬用布相对缝合后再次对折，即使内衬是不怎么厚的布料，也无比结实耐用。

★ 花样（24片）　钩针3/0号

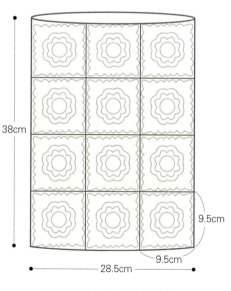

• 连接24片花样制作成包包外袋。

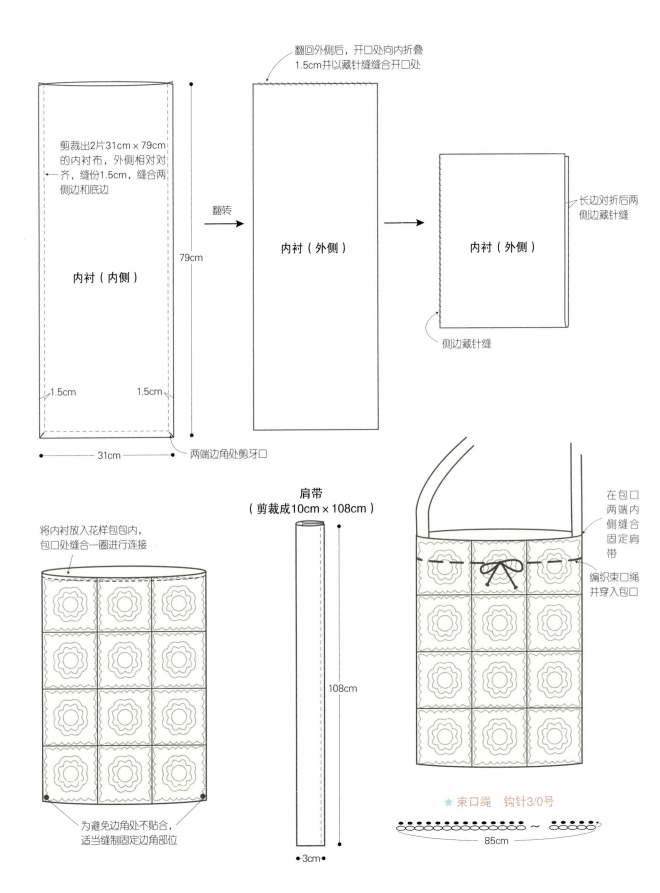

小花朵斜挎包

材料
深褐色麻纱线 170g，海军蓝色麻纱线 75g，磁铁按扣 1 组
针 钩针 8/0 号，3mm 棒针
尺寸 包身 28cm×21cm，花样边长 10cm

制作方法
1 用 2 股深褐色麻纱线、2 股海军蓝色麻纱线依照图解配色编织 9 片边长 10cm 的花样。
2 将编织好的 9 片花样连接形成包身。
3 在包口处用深褐色麻纱线减针编织 4 圈短针。
4 用 3mm 棒针起 9 针编织麻花花样，编织成约 110cm 长的肩带。
5 在包口适当位置缝制肩带和磁铁按扣即可。

★ 花样（2 股线，9 片） 钩针 8/0 号

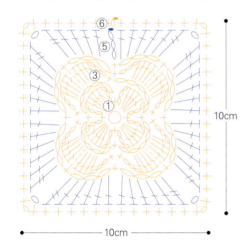

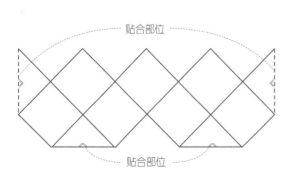

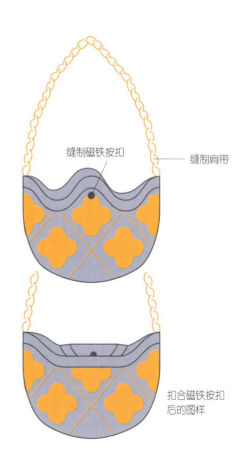

缝制磁铁按扣 — 缝制肩带

扣合磁铁按扣后的图样

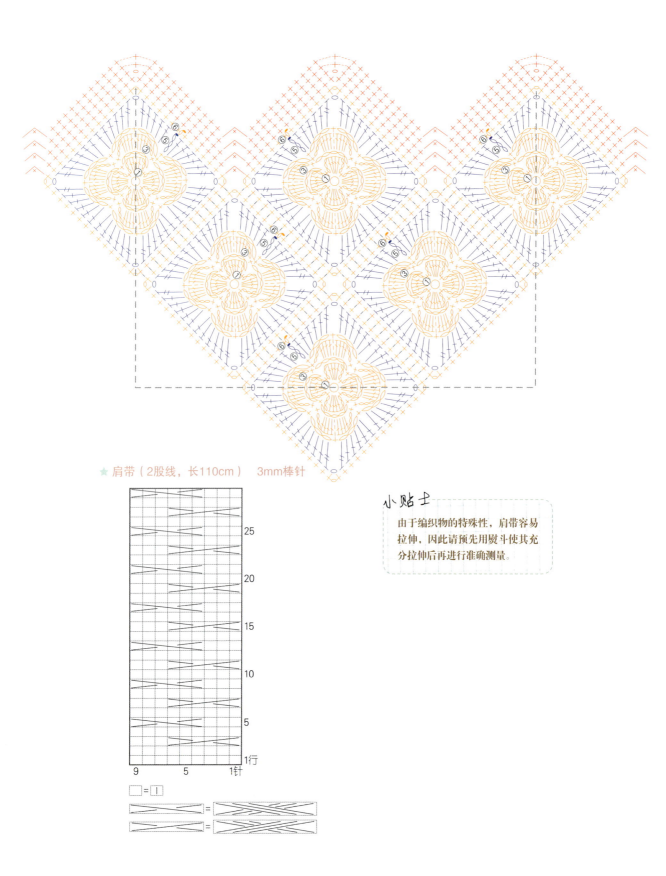

花饰手包

材料 天蓝色麻纱线80g，浅橘黄色麻纱线30g，象牙色麻纱线少许，透明线少许，蕾丝花边30cm，装饰珠子适量

针 钩针2/0号，钩针4/0号

尺寸 19cm×15cm

测量尺寸 10cm×10cm范围内，花样编织24针×34行

制作方法

1 用4/0号钩针和浅橘黄色麻纱线起45针锁针，编织18行短针制成包底。

2 包身部位呈环形编织4行花样，换成天蓝色麻纱线编织剩余44行。边缘部位再编织1行反短针。

3 用2/0号钩针和象牙色麻纱线编织花朵和叶子图案，用透明线缝制在包身正面。在花朵中心用透明线缝上装饰珠子。

4 包口处缝制拉链，将蕾丝花边穿入拉链环中，对折后缝合两端即可。

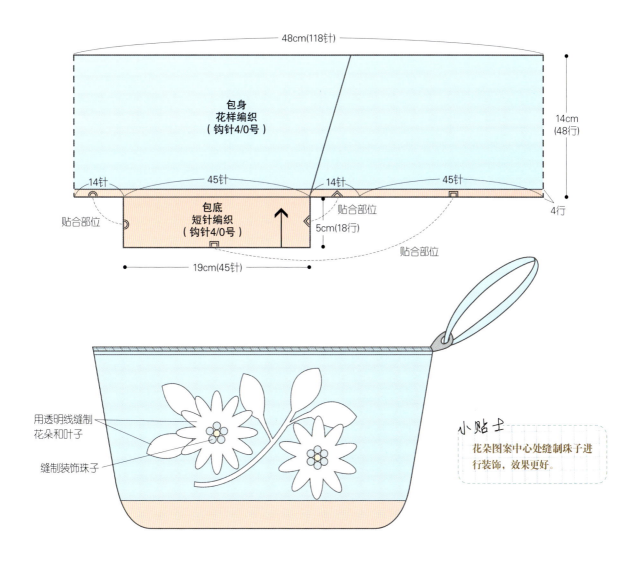

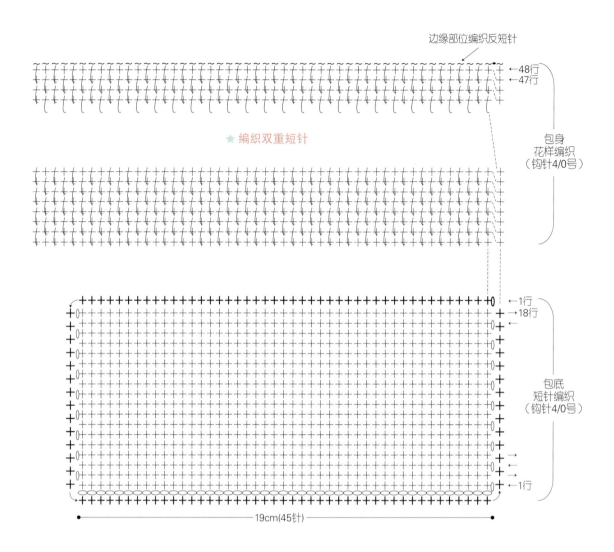

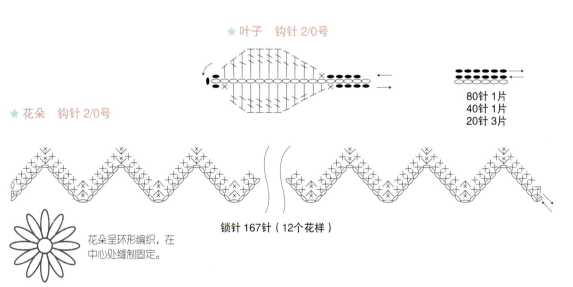

 p.81

机器人平板电脑保护袋

材料

深青绿色棉纱线 80g，海军蓝色、红色、黄色、白色、黑色棉纱线各少许，内衬用布（32cm×46cm）1片，内衬用羊毛毡（30cm×41cm）1片，拉链（长35cm）1条，装饰纽扣5颗，皮质带子适量，蓝色羊毛毡少许

针 3mm棒针

尺寸 21cm×31cm

测量尺寸 10cm×10cm范围内，上下针编织 28针×35行

制作方法

1 用3mm棒针和深青绿色棉纱线起59针，织108行上下针。
  从第43行起横向分别各织8行海军蓝色、红色、黄色条纹。
2 依照机器人图案，选用多种颜色棉纱线再编织108行上下针。
3 将织片内侧相对对折（★部位、△部位相贴合），用金尾针缝制接合。
4 用3mm棒针在袋口处一周前后分别挑80针，共160针，呈环形再织3行起伏针即可收针。
5 将内衬布剪裁好，外侧相对对折，两侧边缝份1cm缝合。
6 将袋口处内衬向外折叠2cm布边，边缘处缝一圈。
7 在编织好的外袋内贴放入羊毛毡及内衬后以藏针缝缝合袋口一圈进行接合。
8 在袋口处缝制拉链，如图在相应位置缝制皮质带子和纽扣制作成提手，在机器人相应部位缝上装饰纽扣和作为眼睛的蓝色羊毛毡即可。

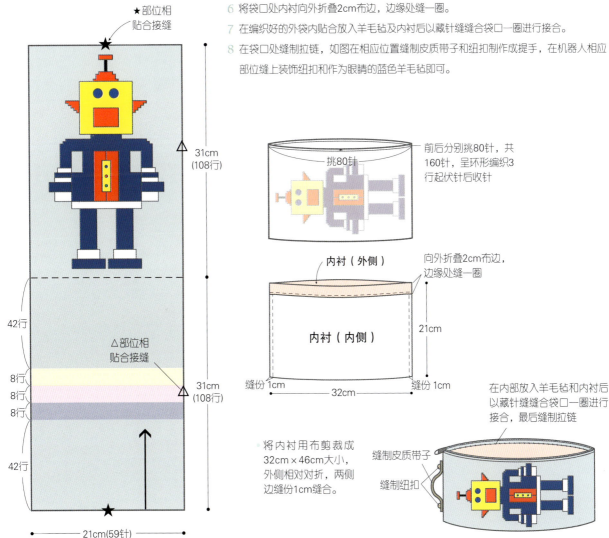

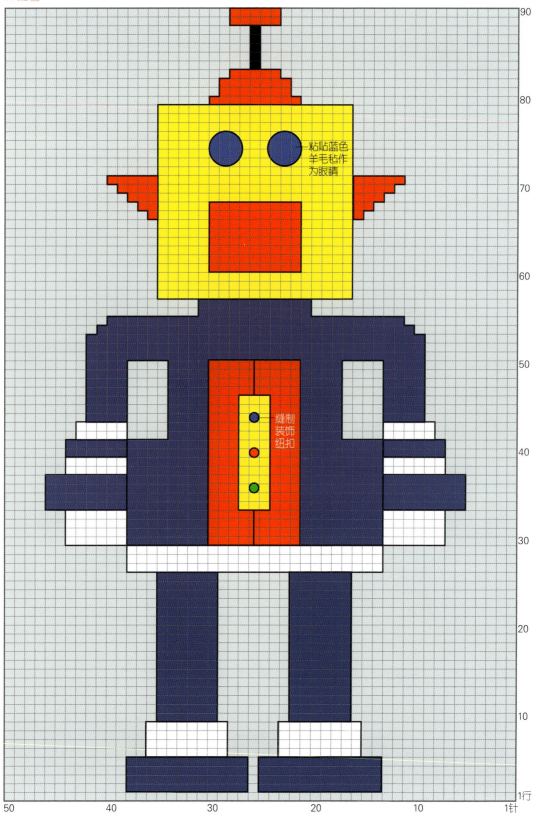

黄色海边小挎包和遮阳帽

材料 黄色人造丝线 80g，金色闪光饰片缎带90cm，磁铁按扣 1组
针 钩针 5/0号
尺寸 小挎包 17cm×13cm
　　　 遮阳帽 头围 53cm

制作方法

遮阳帽

1 用5/0号钩针和黄色人造丝线环形起针起7针，一边加针一边编织短针完成帽子的帽身部位。
2 依照帽檐图解，完成5行花样编织，边缘部位（第6行）同时并针收边。
3 用黄色人造丝线编织锁针织出黄色绳带，将其环绕帽身与帽檐交界处一圈，系成蝴蝶结，端头打结后用胶水固定。

小挎包

4 用5/0号钩针和黄色人造丝线起14针锁针，编织27行短针后进行并针收边。
5 小挎包肩带编织长约90cm的锁针，然后缝制在包口两端。
6 将金色闪光饰片缎带剪裁成适当尺寸，呈螺旋状卷起后用黏合剂粘贴在包身正面。
7 在小挎包包口内侧缝制磁铁按扣，在包口外侧环绕一圈金色闪光饰片缎带并用黏合剂粘贴即可。

	行数	整体针数	加针数
帽檐		192针	并针收边1行
	6行	192针	加24针
	5行	168针	无加减针
	4行	168针	加24针
	3行	144针	无加减针
	2行	144针	加24针
	1行	120针	编织24个花样
帽身	32行~20	96针	无加减针
	19行	96针	加6针
	18行	90针	无加减针
	17行	90针	加6针
	16行	84针	无加减针
	15行	84针	加6针
	14行	78针	无加减针
	13行	78针	加6针
	12行	72针	无加减针
	11行	72针	每行加6针
	10行	66针	
	9行	60针	
	8行	54针	
	7行	48针	
	6行	42针	每行加7针
	5行	35针	
	4行	28针	
	3行	21针	
	2行	14针	
	1行		环形起针起7针

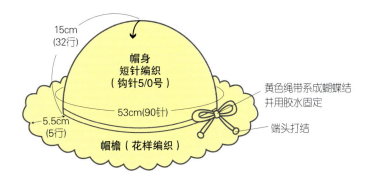

黄色绳带 1条

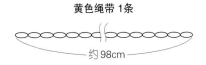

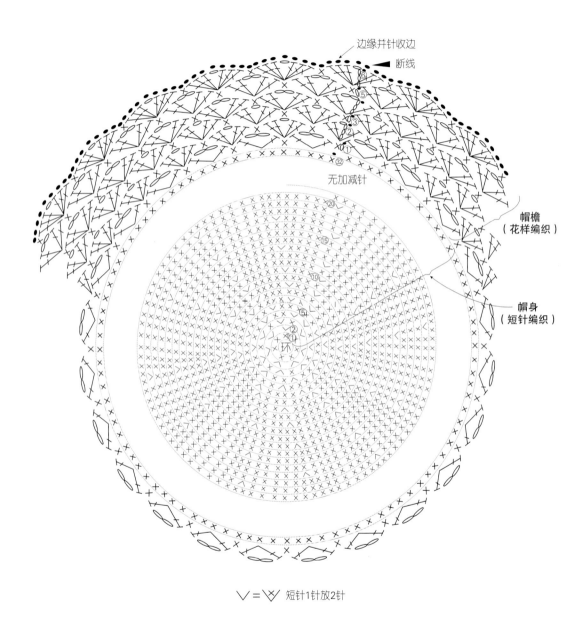

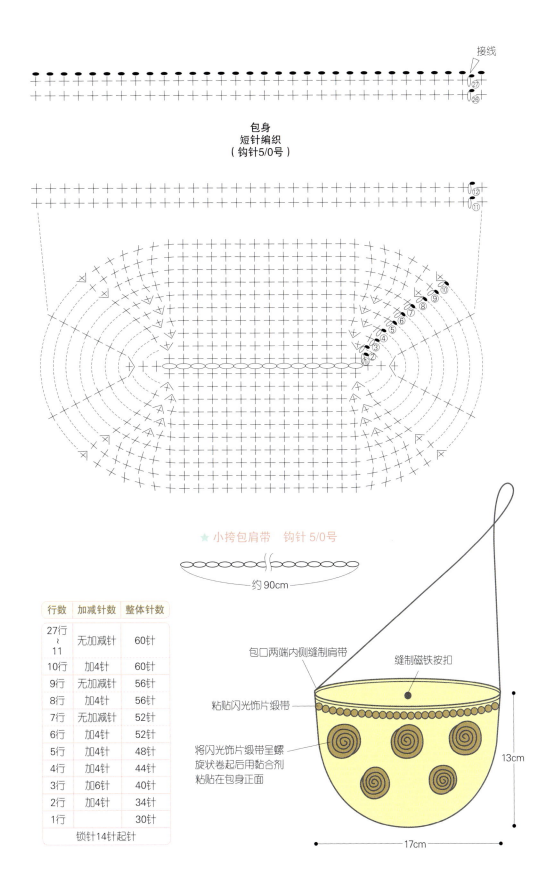

小兔子手提包

材料 天蓝色、浅紫色、杏色、黄色、灰色、象牙色棉纱线各50g，褐色棉纱线少许，透明线少许，内衬用布（32cm×48cm）1片，迷你绒球用各色棉纱线头，磁铁按扣1组，木制纽扣2颗，羊毛毡少许

针 2.5mm棒针，6mm棒针，钩针4/0号

尺寸 30cm×24cm

测量尺寸 10cm×10cm范围内，上下针编织16针×6行

制作方法

1. 用6mm棒针和浅紫色棉纱线起48针后编织上下针。每8行变换一个颜色，共织144行，第8行和第137行织上针。
2. 将步骤1中编织的织片内侧相对对折，用金尾针缝合两侧边，即制作好包身。
3. 用6mm棒针和象牙色棉纱线编织上下针织出兔子口袋，织好后除口袋开口处，其余部分用珠针固定后缝制在包身正面。

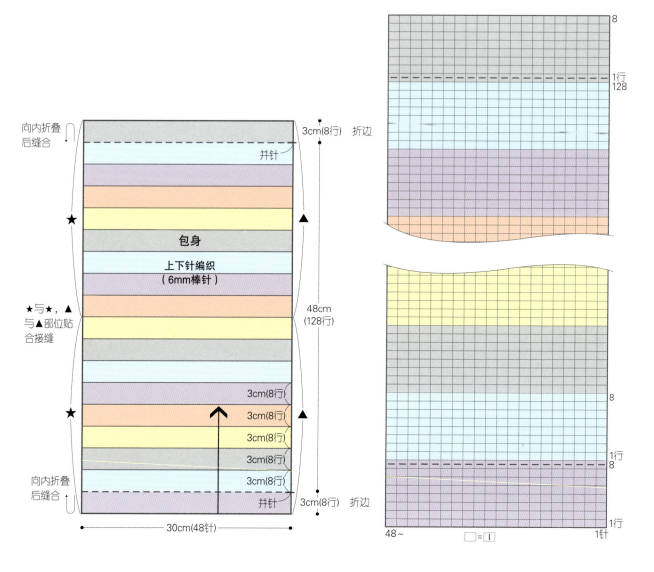

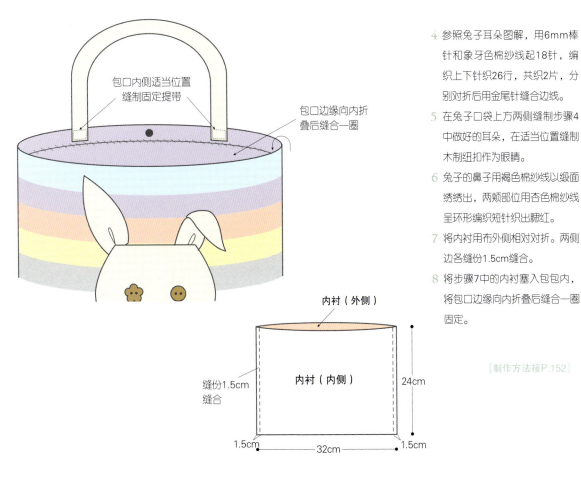

4 参照兔子耳朵图解，用6mm棒针和象牙色棉纱线起18针，编织上下针织26行，共织2片，分别对折后用金尾针缝合边线。

5 在兔子口袋上方两侧缝制步骤4中做好的耳朵，在适当位置缝制木制纽扣作为眼睛。

6 兔子的鼻子用褐色棉纱线以缎面绣绣出，两颊部位用杏色棉纱线呈环形编织短针织出腮红。

7 将内衬用布外侧相对对折。两侧边各缝份1.5cm缝合。

8 将步骤7中的内衬塞入包包内，将包口边缘向内折叠后缝合一圈固定。

[制作方法接P.152]

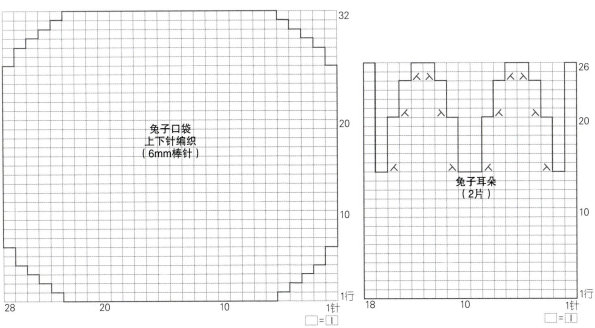

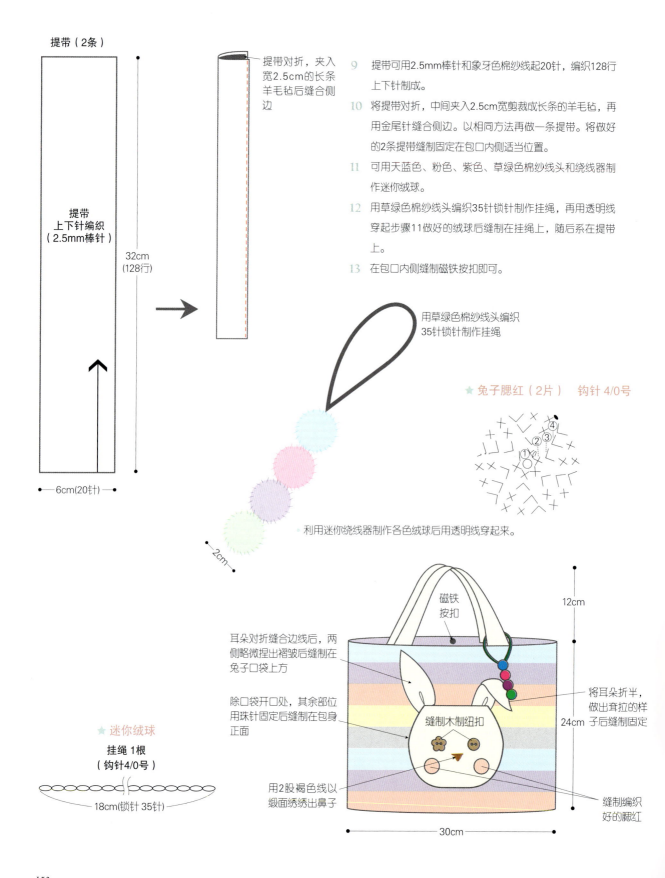